LES GRANDS SCIENTIFIQUES EN BD

LAROUSSE

L'ouvrage *Les Grands Scientifiques en BD* a été initialement publié en anglais en 2016.
Cette édition est publiée en accord avec Oxford University Press.

Direction de la publication : Carine Girac-Marinier
Édition : Ella-Meï Tabernero Chaudet
Traduction : Vanina Pialot et Mathilde Rojinsky
Relecture et correction : Élisabeth Le Saux
Direction artistique : Uli Meindl
Mise en page : Tiphaine Desmoulière
Informatique éditoriale : Philippe Cazabet et Marie-Noëlle Tilliette
Fabrication : Marlène Delbeken

L'Éditeur remercie Marion Blanchet pour ses précieuses remarques.

21, rue du Montparnasse
75283 Paris Cedex 06

ISBN : 978-2-03-598282-7

Conforme à la loi 49-956 du 16 juillet 1949 sur les publications destinées à la jeunesse.

Achevé d'imprimer en Chine par Leo Paper Products Ltd.
Dépôt légal : octobre 2020 – 325941/01
N° de projet : 11044005 – octobre 2020

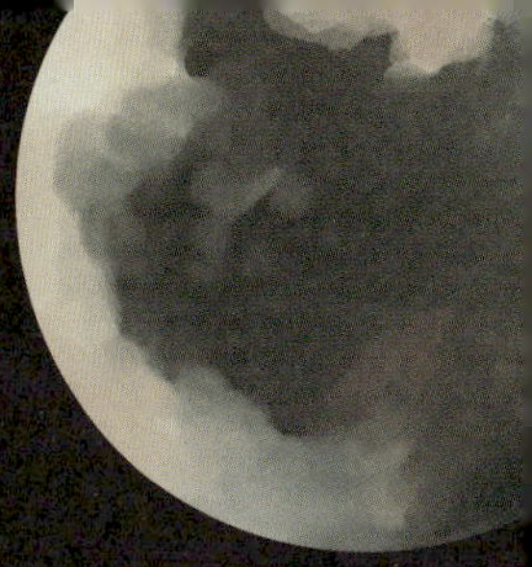

Les Grands Scientifiques en BD

LAROUSSE

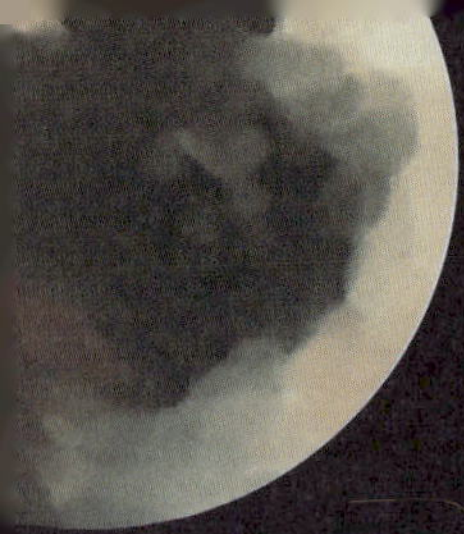

SOMMAIRE

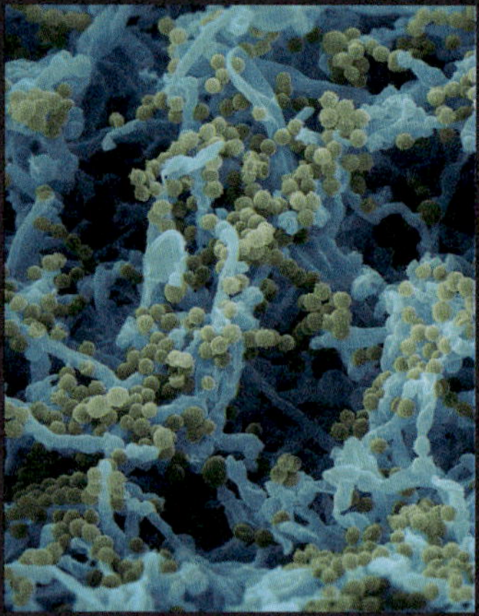

LES GRANDS SCIENTIFIQUES

Paul Mason – Sam Ledoyen

LES GRANDS INGÉNIEURS

Ben Hubbard – Christian Papazoglakis

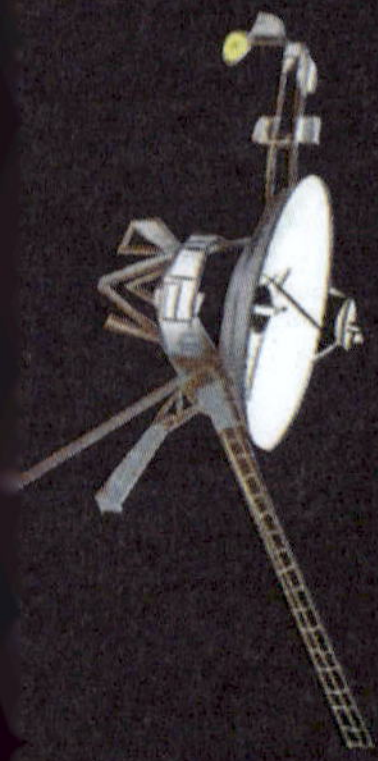

LES GRANDS INVENTEURS

Alex Woolf – Jade Sarson

LES GRANDS EXPLORATEURS DE L'ESPACE

Jo Nelson – Yishan Li

LES GRANDS NATURALISTES

James Driver – Craig Phillips

Galerie de scientifiques

Touchez l'écran qui se trouve devant l'hologramme pour entendre chaque histoire.
Waouh !
C'est génial !

Isaac Newton

Isaac se rendit un jour à la fête foraine.
Regardez les couleurs de ce prisme de verre, monsieur !
Exactement comme un arc-en-ciel !
À l'époque, on croyait que les couleurs des bandes provenaient du prisme.
Serait-ce exact ?
Si c'est vrai, des bandes de couleur doivent aussi sortir d'un second prisme...
Or c'est de la lumière blanche qui en sort.
Newton fit des expériences sur la lumière.
Le chapeau est rouge seulement là où il est frappé par la lumière rouge.
Cela signifie que ce ne sont pas les objets qui sont colorés...
... mais la lumière !

En 1665, la peste se répandit en Angleterre. Des personnes aisées s'enfuirent de Londres.
Je ramasse les morts.
Newton décida de rentrer chez lui.
Vous allez vers le nord ?
Oui. Attention ! Il y a du matériel important là-dedans.
Bonjour ?
Bienvenue, monsieur Isaac !
À l'abri de la peste, Newton put de nouveau réfléchir.
Pourquoi…
… la Lune se déplace-t-elle…
… comme cela dans le ciel ?

Chez lui, Newton continuait d'étudier sans relâche.
Encore des livres pour monsieur Isaac ?
OUI – beaucoup !
Il rassembla de nombreuses informations sur les comètes…
… la Lune…
… et les planètes.
Il découvrit qu'une **force** affecte tous ces corps.
La « loi de Newton sur la gravitation universelle », c'est moi !
En 1667, Newton revint à Cambridge.
Par ici…
Je sais !
Ses travaux sur la lumière et la gravité le rendirent bientôt célèbre dans le monde entier.

À propos d'Isaac Newton

- Deux ans après son retour à Cambridge, Newton est nommé professeur d'université de mathématiques. Il publie alors *Les Principes mathématiques*, sur le mouvement des planètes et des comètes, et *Le Traité d'optique*, sur la lumière, livres qui ont changé la science pour toujours.

- Isaac Newton est aussi nommé président de la Royal Society, une institution scientifique londonienne connue dans le monde entier. Cette dernière a pour devise de **ne croire que ce qui peut être démontré par l'expérience**. Au cours de sa carrière, Isaac côtoiera de nombreux autres scientifiques.

- Newton deviendra plus tard « directeur de la Monnaie ». À ce titre, il sera responsable de l'argent qui circule dans son pays. Il supervisera ainsi le remplacement des vieilles pièces de monnaie par de nouvelles et œuvrera à rendre forte l'économie de son pays.

Isaac Newton
Mathématicien et scientifique anglais
25 décembre 1642 -
20 mars 1727

La **loi de la gravitation de Newton** postule que deux objets dans l'Univers s'attirent l'un l'autre par la force de la gravité.

Carl von Linné

Il part pour la Laponie, pour découvrir les plantes, les animaux et les gens.
Il y collecte des échantillons de plantes inconnues.
Il faut y aller.
Juste un instant !
Campanula serpyllifolia
Linnea borealis ?
Linné se lie d'amitié avec le peuple sami.
Ils vont vous parler des plantes et animaux du coin.
Parfait !
Ce long été, ici en Arctique, est fantastique : il y a assez de lumière pour dessiner à minuit !
zzzzz ... zzzzz ... zzzzz ...
C'est la première fois que je vois ça !
Une chouette épervière ! Appelons-la *Surnia ulula*.

Bien sûr, voyager dans le Grand Nord est parfois épuisant et risqué – en particulier en hiver.
Brrrr !
Attention !
BRA-OUM !
Si l'on changeait de direction, non ?
Hum…
On n'a plus rien à manger.
Malgré ces difficultés, Linné découvre pendant son voyage des centaines de plantes et d'animaux.
Il ne me reste plus qu'à compiler mes notes pour pouvoir les publier.

À propos de Carl von Linné

Carl von Linné
Biologiste et médecin suédois
23 mai 1707 -
10 janvier 1778

- Les nouvelles espèces de plantes et d'animaux découvertes par Linné ont toutes besoin d'un nom. Il va ainsi mettre au point une véritable méthode pour nommer les êtres vivants.

- Dans le nouveau système de Carl Linné, chaque être vivant reçoit un nom latin en deux parties. Le premier indique le groupe (le « genre ») auquel cette plante ou cet animal appartient. Le second donne son nom d'espèce. Par exemple, le lion est *Panthera* (le genre des panthères) *leo* (le lion). Le système de Linné marche si bien qu'il est rapidement adopté par tous les autres scientifiques. Il est d'ailleurs toujours utilisé aujourd'hui.

- Carl Linné finira par enseigner à l'université d'Uppsala. Il continuera à explorer la Laponie et à écrire des livres scientifiques : il publiera en tout 72 ouvrages.

- Carl Linné est anobli en 1762 : il devient le chevalier Carl von Linné.

Michael Faraday

Cette conférence est passionnante.
Michael est emballé ! Il décide d'aller à toutes les conférences.
Pour sir Humphry… C'est un livre que j'ai rédigé à partir de ses conférences.
Dans le laboratoire de sir Humphry.
Ouille ! Ma main !
BANG !
Je ne vais pas pouvoir écrire avec cette blessure. J'ai besoin d'aide. Et si je demandais au garçon qui a écrit ce livre ?
Michael devient le secrétaire de sir Humphry…
Donc, le problème de l'acidité…
Puis il devient son assistant.

Bientôt, Michael se met à faire ses propres expériences.
FLASH!
BANG!
La chaleur et l'électricité sont-elles liées ?
Les scientifiques commencent à découvrir le pouvoir de l'électricité.
Michael réfléchit à la façon de créer de l'électricité.
Un cercle de cuivre… des câbles… un gros aimant… Faisons tourner le cercle.
Ça marche !
Michael utilise en fait le magnétisme pour produire de l'électricité.
En quelques années, les conférences de Michael deviennent célèbres.
L'électricité du premier circuit crée de l'électricité dans le second !

À propos de Michael Faraday

- En 1825, Michael est nommé directeur du laboratoire de la Royal Institution. Il devient aussi professeur de chimie. Il est à l'origine de nombreuses inventions encore utilisées de nos jours.

- Michael Faraday développa le premier moteur électrique et découvrit la science des générateurs électriques. On lui doit donc l'électricité. Michael a aussi été le premier à utiliser une pompe mécanique pour transformer le gaz en liquide et le liquide en gaz, afin de faire baisser la température. On lui doit donc les réfrigérateurs.

- Michael étudia également les effets de la pollution industrielle au pays de Galles, et informa les journaux de la terrible pollution de la Tamise. Il fut donc l'un des premiers scientifiques à se préoccuper de l'environnement.

Michael Faraday
Scientifique anglais, expert en électricité et magnétisme
22 septembre 1791 - 25 août 1867

Marie Curie

Je suis Marie Curie. J'ai été la première femme à recevoir le prix Nobel. Et j'en ai même eu un second !
En 1867, la Russie contrôle la Pologne.
OUIIN !
Dans la capitale, Varsovie, naît une petite fille prénommée Marie.
Enfant, elle aide son père qui réalise des expériences scientifiques dans la cuisine.
Quand on chauffe le mélange…
… il change de couleur !
Marie ADORE étudier.
La meilleure élève de l'année est… Marie ! Bravo à toi !
Marie rêve alors d'aller à l'université, mais un obstacle se dresse sur son chemin…
Université de Varsovie
Interdite aux femmes

Comme Marie veut absolument aller à l'université, elle élabore un plan.
Je vais travailler et économiser…
… puis j'irai étudier à Paris !
Université de la Sorbonne
Femmes bienvenues
Marie rejoint aussi l'« université volante », une institution polonaise secrète.
Je suis admise ?
Oui, oui ! Entre, vite !
Les étudiants qui s'y réunissent travaillent sur des sujets que la censure russe interdit. Le lieu où se déroulent les cours change tout le temps.
Marie parvient à réunir assez d'argent pour aller à Paris.
J'ai réussi !
Elle arrive à Paris et s'inscrit à l'université de la Sorbonne.

Deux ans plus tard, les résultats des étudiants sont affichés…
Où suis-je ?
En premier, Marie !
Marie commence à étudier l'électricité et le magnétisme.
Comment cela se fait-il ?
Elle rencontre un autre scientifique, Pierre. Ils tombent amoureux et se marient.
Ils se mettent à travailler ensemble.
Je ne vois pas les rayons…
… mais je sais qu'ils sont là !
Marie se passionne pour la pechblende, un minerai qui émet des rayons invisibles.

Marie découvre que la pechblende génère une charge électrique et elle veut comprendre pourquoi.
Marie et Pierre se mettent à casser 400 tonnes de roche.
Tu as trouvé quelque chose ?
Non.
Ils trouvent finalement la source de ces rayons.
Je vais appeler cet **élément** le polonium !
Marie choisit ce nom en hommage à son pays, la Pologne.
Quelques mois plus tard, elle découvre un autre élément.
Je vais l'appeler le radium ! Regarde, il est lumineux !
Comment appeler ces rayons invisibles ?
Polonioactivité ?
Non… J'ai trouvé : **radioactivité** !

Ces rayons permettent de faire des photos aux rayons X de l'INTÉRIEUR des gens !
En 1914, la Première Guerre mondiale éclate.
BANG !
BOUM !
BADAM !
Ahhh !
À moi !
Au secours !
Des milliers de soldats blessés ont besoin d'aide.
Si nous avions des ambulances équipées en rayons X, cela éviterait de déplacer les blessés…
Ces « ambulances radiologiques » – « petites Curies » – vont peu à peu se rendre sur les fronts de guerre. Marie et sa fille Irène en conduisent elles-mêmes.
Vous êtes prête ?
Oui, entrez.
Un million de soldats passeront par ces petites Curies, et des milliers de vies seront sauvées.

Marie Curie
Physicienne et chimiste polonaise
7 novembre 1867 -
4 juillet 1934

- Les travaux de Marie et Pierre sur les radiations leur valent le prix Nobel de physique en 1903. Ils partagent ce prix avec Henri Becquerel, qui a été le premier à découvrir l'existence des rayons. Au début, les jurés ne veulent donner le prix qu'à Henri et Pierre, mais ce dernier insiste pour que Marie l'ait aussi.

- Quand Pierre meurt en 1906, Marie abandonne son travail de professeur de physique à la Sorbonne. Elle continue ses recherches et, en 1911, reçoit un second prix Nobel, de chimie cette fois, pour son travail sur les éléments **radium** et **polonium**.

- Aujourd'hui, le traitement par les rayons – la radiothérapie – est utilisé pour traiter le cancer. Les rayons tuent les cellules cancéreuses et les empêchent de se répandre dans l'organisme. Les découvertes de Marie ont donc permis de sauver des millions de personnes.

Albert Einstein

1902, Zurich, Suisse.
Albert travaille au **Bureau des brevets**.
Il y discute d'une théorie complexe avec son ami Michele Besso...
Je réfléchis à une vieille idée – mais je suis un peu bloqué.
Dis-moi ?
... au sujet du temps et du mouvement.
Une chose est sûre,
ça n'est pas un problème que tu peux résoudre en une nuit !
Je me demande...
Malgré la difficulté, Albert persévère.
Le lendemain.
Bonjour, Michele ! J'ai finalement résolu le problème.
Quoi ?!

Je pense appeler ma théorie… la relativité restreinte !
Albert publie sa théorie en 1905.
Cette théorie de la relativité est un séisme dans le monde scientifique.
Non, non, non !
Impossible !
Regarde bien les équations !
Elle change pour toujours la façon de voir le temps et le mouvement chez les scientifiques.
Onze ans plus tard, Albert complète ses idées originelles.
Il prédit l'existence des **trous noirs** et suggère la possibilité des voyages dans le temps.
Environ cinquante ans plus tard, le premier trou noir sera découvert.
Einstein avait raison !

Albert va aussi établir l'équation la plus célèbre du monde…
$E = mc^2$
Cette équation compliquée relie la masse et l'énergie…
… et aide à expliquer l'origine de l'énergie du Soleil et des autres étoiles.
Elle a aussi contribué au développement de l'**énergie nucléaire**.
Certains scientifiques ont même utilisé l'équation d'Albert pour créer la **bombe atomique**, ce qui l'a bouleversé.
La science doit servir à faire le bien, pas le mal !
Albert va devenir l'un des scientifiques les plus célèbres du monde.
Mais toute cette célébrité pesait à Albert. Quand on le reconnaissait dans la rue, il s'écriait :
« On me confond toujours avec cet Albert Einstein ! »
Et il s'en allait vite !

À propos d'Albert Einstein

- L'article d'Albert sur la relativité restreinte est l'un des quatre qu'il écrit en une seule année - 1905 -, sachant que tous sont révolutionnaires. Du jour au lendemain, tous les scientifiques de la planète se mettent à parler de cet homme inconnu auparavant.

- Albert reçoit le prix Nobel de physique dès 1921, mais ce n'est pas pour sa découverte de la relativité : c'est pour son explication de l'effet photoélectrique !

- Les théories d'Einstein sont à la base de nombreuses inventions que nous utilisons aujourd'hui. Sans elles, nous n'aurions pas de GPS, d'horloges précises ou de portes automatiques, par exemple.

- Albert aimait jouer du violon. Il disait souvent que s'il n'avait pas été physicien, il aurait été musicien.

Albert Einstein
Physicien d'origine allemande, naturalisé suisse puis américain
14 mars 1879 -
18 avril 1955

Alexander Fleming

Je rangerai quand je reviendrai.
De retour dans un mois.
Papa ! Je me suis égratigné !
Ne laissons pas les bactéries entrer dedans.
ARRÊTE de parler de bactéries !
ALEXANDER !
Quelle vilaine toux ! Ça pourrait être une **pneumonie** bactérienne.
J'ai un INSUPPORTABLE mal de dents !
Probablement bactér…
Encore ?

Alexander rentre de vacances…
C'est bon d'être de retour !
De retour dans un mois.
Je vais ranger un peu en commençant par nettoyer ces boîtes de Petri.
Tiens, tiens !
C'est quoi, cette masse moisie ? Bizarre ! Il n'y a pas de bactéries autour.
On dirait que quelque chose dans la moisissure tue les bactéries !

Je me demande quelles maladies cette moisissure tueuse de bactéries pourrait guérir ?
Finalement, il va appeler « pénicilline » cette moisissure – c'est moins dégoûtant !
Mais Alexander ne sait pas comment convertir la pénicilline en médicament…
Heureusement, d'autres scientifiques le sauront : Howard Florey et Ernst Chain.
La pénicilline sera bientôt produite en grandes quantités.
Elle est toujours utilisée aujourd'hui pour soigner de nombreuses infections.

À propos d'Alexander Fleming

Alexander Fleming
Scientifique écossais
6 août 1881 -
11 mars 1955

- La pénicilline n'est pas la seule découverte fortuite de Fleming. En 1921, il avait aussi découvert un nouvel **antiseptique** dans la muqueuse du nez.
- La pénicilline est le premier antibiotique qui a été découvert. Les antibiotiques soignent les infections et maladies bactériennes, de l'infection dentaire à la pneumonie, en passant par les furoncles. La pénicilline est encore couramment utilisée aujourd'hui.
- En octobre 1945 – dix-sept ans après la découverte de la pénicilline –, Alexander Fleming, Howard Florey et Ernst Chain sont récompensés par le prix Nobel de médecine pour la mise au point de ce médicament qui a, déjà, sauvé des millions de vies.

Alan Turing

Je suis Alan Turing. On estime que j'ai écourté la Seconde Guerre mondiale de deux ans !
Pendant la Seconde Guerre mondiale, dans le Buckinghamshire, en Angleterre.
Nous *avons* besoin de voir votre visage.
Oui, bien sûr.
Baraquement 8
Bonjour, Gordon.
Bonjour, Prof.
Bletchley Park est un important site stratégique où se déroule une bataille cruciale, contre Enigma...
… afin de déchiffrer les codes secrets allemands.
La plus formidable arme britannique vient d'arriver…
Gros rhume des foins ce matin, Prof ?
Horrible !
… un « casseur de code » appelé Alan Turing et surnommé Prof.

Pendant que Turing et les autres cryptologues travaillent, la bataille de l'Atlantique fait rage.
Les sous-marins allemands U-Boot coulent des centaines de bateaux anglais d'approvisionnement.
Torpedos auswärts !
Torpilles lancées !
Or ces U-Boot communiquent entre eux grâce à un code appelé Enigma.
Quand un U-Boot repère un convoi, il appelle les autres, et ils attaquent ensemble.
Encore des bateaux coulés par les U-Boot.
Si nous cassons Enigma, nous saurons où sont les Allemands.

Atlantique nord, 9 mai 1941.
Sors la machine avant qu'il ne coule !
Un U-Boot vient d'être capturé par l'armée navale britannique.
Les Anglais y récupèrent une machine Enigma ainsi que ses livres de code.
Enfin ! Un accès à Enigma !
Tu es sûr ?
Oui, j'ai cassé le code !
Mais même après avoir cassé ce code, décrypter les messages allemands demande beaucoup de travail.
On vous appelle dans la salle des bombes, M. Turing.
Alan appelle « bombes » les machines qui l'aident à décoder Enigma…
Nous ne tenons pas la cadence.
Hélas, il n'y a pas assez d'opérateurs.

Le Premier ministre, Winston Churchill, reçoit un jour une lettre d'Alan demandant de l'aide.
Elizabeth ! Prends de quoi noter !
Winston écrit à l'état-major de l'armée.
BUREAU DU PREMIER MINISTRE
Du Premier ministre
À l'attention du général Hastings Ismay
Sujet : Bletchley Park
ACTION IMMÉDIATE !
Assurez-vous qu'ils aient tout ce dont ils ont besoin de façon prioritaire et tenez-moi au courant.
Grâce à Churchill, les bombes disposent rapidement de nombreux opérateurs.
Nouvelle livraison des bombes.
Merci.
Il semble que nous soyons finalement en train de réussir, Prof.
Chaque jour, nous décryptons plus de messages.
Ce qui veut dire aussi que de moins en moins de bateaux sont coulés.
Le travail de Turing et de son équipe a sauvé des millions de vies.

À propos d'Alan Turing

- Le travail d'Alan Turing pendant la Seconde Guerre mondiale a changé le cours de l'histoire : si la bataille de l'Atlantique avait été perdue, la Grande-Bretagne se serait peut-être rendue. Winston Churchill, Premier ministre britannique pendant cette guerre, avait d'ailleurs dit un jour que la seule chose qu'il avait réellement redoutée pendant la guerre était le danger des U-Boot.

- Alan Turing est aussi connu pour avoir été un pionnier en informatique. En 1936, il a inventé ce que l'on appelle aujourd'hui la « machine de Turing » – une machine qui peut décoder des informations et les transmettre. En 1946, il a mis au point un calculateur électronique.

- En 1950, Alan Turing a développé un test d'intelligence artificielle, dit « test de Turing », lequel « mesure » l'intelligence d'une machine en se basant sur sa capacité à se faire passer pour un humain quand elle est questionnée par un humain assis dans une autre pièce.

Alan Turing
Mathématicien et expert en chiffrage anglais
23 juin 1912 -
7 juin 1954

Retour au musée

Mon nom est Alessandro Volta. J'ai inventé la pile électrique.
Je suis Ada Lovelace, la première programmatrice informatique – bien que j'aie vécu avant l'invention des ordinateurs !
Je suis James Clerk Maxwell. Mes travaux sur l'électricité, le magnétisme et la nature de la lumière ont été révolutionnaires. J'ai aussi réalisé la première photo couleur !
Je m'appelle Rachel Carson. Biologiste marine et militante pour l'environnement, j'ai alerté le monde à propos de la nocivité des produits chimiques agricoles sur la nature.
Je suis Stephen Hawking. J'ai travaillé, entre autres, sur les trous noirs et les origines de l'Univers. J'ai écrit un best-seller intitulé *Une brève histoire du temps*.

Qu'est-ce qu'un ingénieur ?

Les ingénieurs s'efforcent d'améliorer notre vie en inventant et en construisant de nouveaux moyens de transport, bâtiments ou équipements.
Sans les ingénieurs, pas d'avions, ni d'hélicoptères, ni d'engins spatiaux.
Pas de ponts, ni de gratte-ciel.
Pas de vélos, ni de voitures, ni de trains.
Pas de téléphones portables, ni d'ordinateurs ou de cafetières !
Pas d'appareils de radiographie ou d'assistance respiratoire.
Tous ces bâtiments, machines ou appareils ont été conçus par des ingénieurs.
Les ingénieurs œuvrent depuis la nuit des temps.
À travers les siècles, leurs créations ont changé notre monde. Prêt pour partir à leur rencontre ?

Imhotep

Voici l'un des premiers ingénieurs, Imhotep.
Égypte, vers 2650 av. J.-C.
L'Égypte antique est célèbre pour ses pyramides de pierre.
Pour autant, les premiers édifices y étaient bâtis en briques de terre.
Votre palais est presque fini, Majesté.
Hum…
Djoser, roi d'Égypte, trouvait trop fragiles les briques de terre…
Ce mur ne va pas tenir longtemps !
Djoser décréta donc que sa tombe serait bâtie entièrement en pierre.
Je veux un édifice qui dure éternellement. Qu'on appelle Imhotep !

Imhotep se mit aussitôt à l'œuvre.
Les premiers chantiers commencèrent.
Mais construire avec de la pierre était compliqué.
TAP TAP TAP
Comment transporter d'énormes blocs de pierre sur des kilomètres ?
Et comment les assembler ?
C'est difficile... mais non impossible.
Imhotep ne le savait pas encore, mais il s'apprêtait à bâtir le plus grand édifice de pierre au monde !

Imhotep affina ses plans.
L'édifice sera construit en surface, mais il faudra que le corps du pharaon repose au plus profond du tombeau…
… dans un **sarcophage** de la taille d'une petite chambre.
Il faudra aussi des chambres et des tunnels souterrains…
… emplis d'objets précieux.
Les rois d'Égypte voulaient en effet de grandes chambres funéraires, symboles de puissance et de richesse.
Imhotep mit ses hommes à l'ouvrage.
Faut-il creuser encore plus profond ?
Oui, 28 mètres !
Il fallut des mois pour bâtir le tombeau de Djoser.
Hélas, le roi n'en fut pas satisfait.
Votre tombeau, Majesté.
Imhotep, c'est trop plat ! Je veux un édifice qui monte jusqu'aux étoiles !

Imhotep dut relever ce nouveau défi et se mit au travail.
Et si je construisais un autre **mastaba** dessus… ou même plusieurs ?
Je pourrais ainsi bâtir le plus grand édifice du monde !
Imhotep répartit son importante main-d'œuvre en deux équipes.
Vous autres, avec moi.
Ils déplacèrent, avec des traîneaux et des rampes, des énormes blocs de calcaire.
Prêts… TIREZ !
Les Égyptiens affinaient les blocs, une fois mis en place.
Dégageons un peu plus le coin.
Cette fois, les travaux durèrent non pas des mois, mais des années.
À la fin, le roi fut convié.
C'est fini, Majesté.
Bravo !

L'immense complexe funéraire de Djoser comportait au final de nombreux bâtiments, des cours, des temples et des tombeaux pour toute la famille.
La prouesse architecturale, c'était l'incroyable pyramide à degrés qui s'élevait à 60 mètres de haut.
60 m
Sous la pyramide, votre tombeau comporte plus de quatre cents pièces, Majesté.
C'est superbe ! Imhotep, tu es un génie.

- Imhotep est le premier ingénieur connu de l'histoire.
- Il fut aussi l'un des premiers médecins : il savait notamment prévenir l'infection des plaies.
- Imhotep est peu à peu devenu le « saint patron des scribes », seules personnes capables de lire et d'écrire en hiéroglyphes.
- La pyramide à degrés d'Imhotep peut toujours être admirée de nos jours : on la considère comme le premier exploit architectural de notre histoire.
- La pyramide à degrés fut la première pyramide construite. Son édification prit dix-huit ans, presque toute la durée du règne de Djoser.
- Plus tard, les pyramides passèrent de mode et on se mit à enterrer les pharaons dans des tombeaux souterrains, creusés dans la Vallée des Rois, en Égypte.

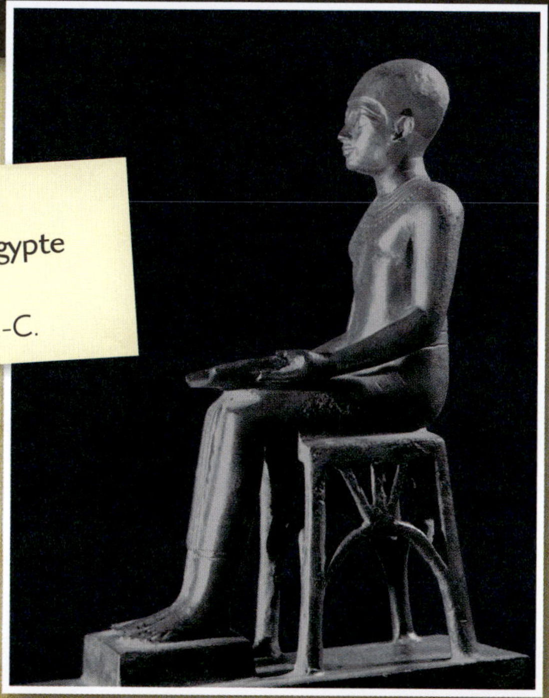

Imhotep
Ingénieur de l'Égypte antique
XXVIIe s. av. J.-C.

Apollodore de Damas

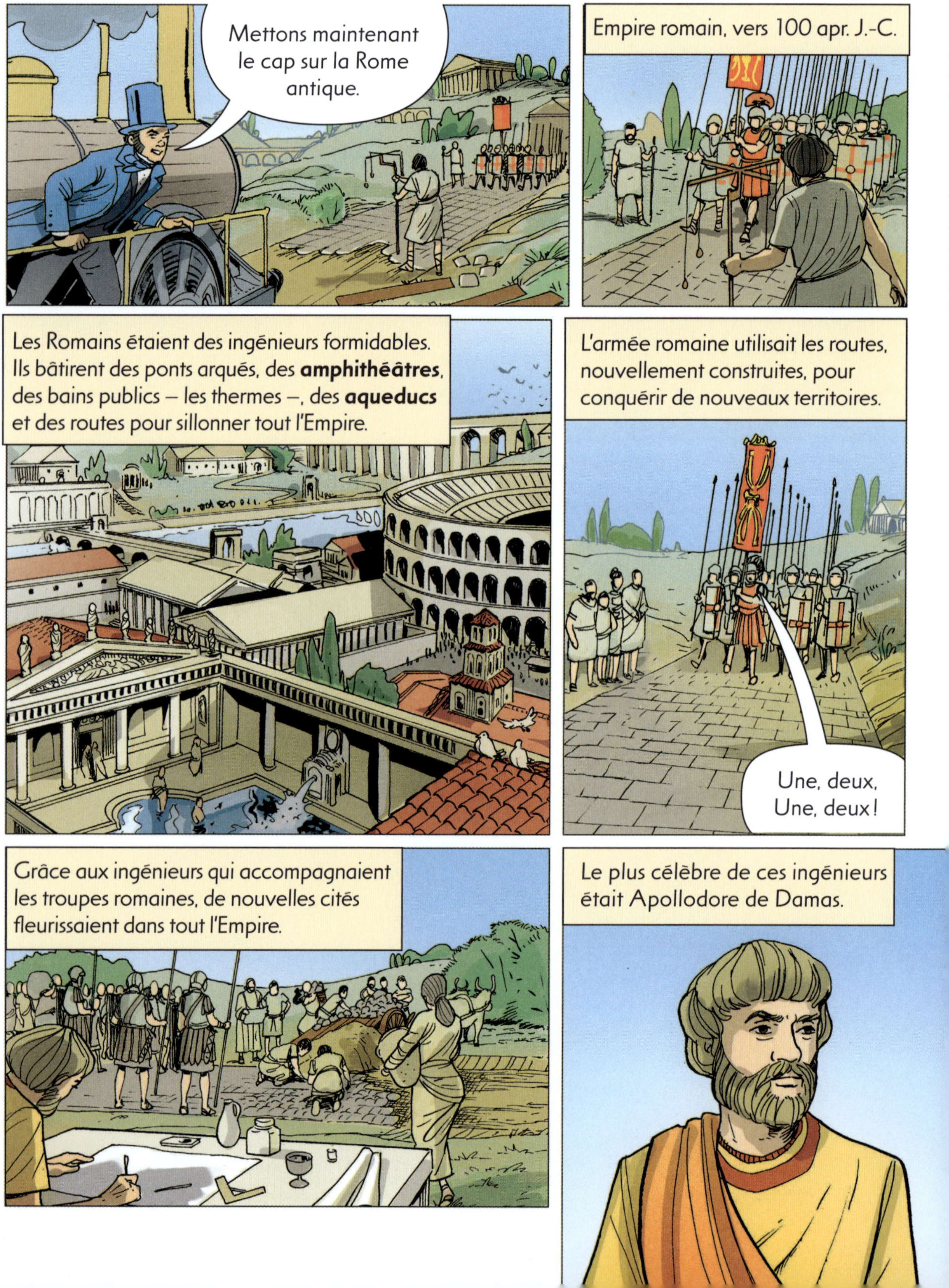

Apollodore, qui était très habile, conçut de nombreuses machines de guerre pour l'armée romaine.
L'empereur Trajan appréciait particulièrement les machines conçues par Apollodore.
Que m'apportes-tu aujourd'hui, Apollodore ?
Une tour à échelles pour escalader les murailles ennemies…
… une « tortue » en bois pour protéger les soldats…
… et des béliers pour abattre les enceintes des ennemis.
Trajan lui demanda de l'accompagner sur le champ de bataille.
J'ai besoin d'un pont pour traverser le Danube.
Apollodore accompagna donc l'armée de Trajan.
Apollodore, voici le Danube.
Comme il est large ! Quel défi que de construire un pont de cette largeur !

Il nous faut édifier vingt imposants piliers de pierre à travers le fleuve.
Puis je fixerai des arches de bois entre ces piliers.
Il nous faudra des bateaux pour poser ces piliers.
Sur l'ordre d'Apollodore, on arrima plusieurs bateaux ensemble.
Voici un pont flottant !
On édifia des piliers dans le lit du fleuve.
Chaque pilier mesurait 45 mètres de haut !

Ce travail était très dangereux.
À l'aide !
Dépêche-toi ! Trajan s'impatiente.
Ce pont fut achevé en 105 apr. J.-C. Il mesurait 1 135 mètres de long.
Ce pont est une réussite, Apollodore.
Merci, empereur.

À Rome, Apollodore édifia également de nombreux monuments !
C'est Apollodore qui a bâti ce **forum** !
Il conçut aussi des structures qu'on admire encore aujourd'hui !
Son œuvre la plus célèbre, c'est la colonne Trajane.
Comme elle est haute !
Superbe !
Seul un grand ingénieur a pu concevoir pareille colonne !
Cette colonne Trajane faisait 30 mètres de haut et était ornée de **frises** magnifiques sur toute sa hauteur.
On a découvert sur ces bas-reliefs comment avait été construit le pont de Trajane.

Apollodore de Damas
Ingénieur de la Rome antique
IIe s. apr. J.-C.

- S'il fallut deux ans pour bâtir le pont de Trajan, il ne servit hélas que pendant vingt ans. Un nouvel empereur, Hadrien, ordonna en effet la destruction du pont pour éviter que les ennemis de Rome ne l'utilisent pour envahir la ville.
- Un jour, Apollodore déclara à l'empereur, qui se prenait pour un architecte et essayait de concevoir des bâtiments, que les plans qu'il avait dessinés pour un nouveau temple ne valaient rien. Pour le punir de cette insolence, Hadrien le bannit de Rome. Quelques années plus tard, Apollodore fut exécuté. Certains historiens pensent que sa mort fut commanditée par Hadrien.
- La colonne Trajane est une merveille d'ingénierie : faite de 1100 tonnes de pierre, elle s'élève à 30 mètres de hauteur et est ornée de bas-reliefs sculptés sur 190 mètres. Ce fut un travail titanesque, pour les grues romaines, que de soulever et empiler les 53 tonnes de blocs de pierre qui la composent.

Isambard Kingdom Brunel

Le tunnel sous la Tamise fut le premier tunnel subaquatique du monde : l'un des projets d'ingénierie les plus ambitieux de l'époque.
Jusqu'à la fin, Isambard travailla sans relâche.
Mais c'était un projet dangereux.
Oh oh !
La rivière monte !
Évacuation !
WOOOSH
À l'aide !
Vite !
L'assistant d'Isambard le mit à l'abri juste à temps. Mais six hommes périrent dans l'inondation.
Monsieur, est-ce que ça va ?

On envoya Isambard en convalescence à Bristol.
Les travaux du tunnel cessèrent plusieurs années, pour reprendre en 1843.
En 1829, à Bristol, Isambard lut dans un journal qu'un concours proposait de…
… construire un pont sur les gorges de l'Avon. Participons !
CONCOURS DE CONSTRUCTION DE PONTS !
On pourrait mettre une tour de chaque côté de la rivière pour le suspendre.
1352m
75m
Isambard ne gagna pas le concours…
Les gorges sont trop larges pour un pont suspendu !
C'est faux ! On bâtit des ponts suspendus sur de larges distances depuis des siècles !
Aucun candidat n'ayant remporté le concours, un second fut lancé. Cette fois, Isambard sut convaincre le jury de lui donner le premier prix.
Mon pont sera plus solide, plus durable et moins coûteux que toutes les autres propositions !

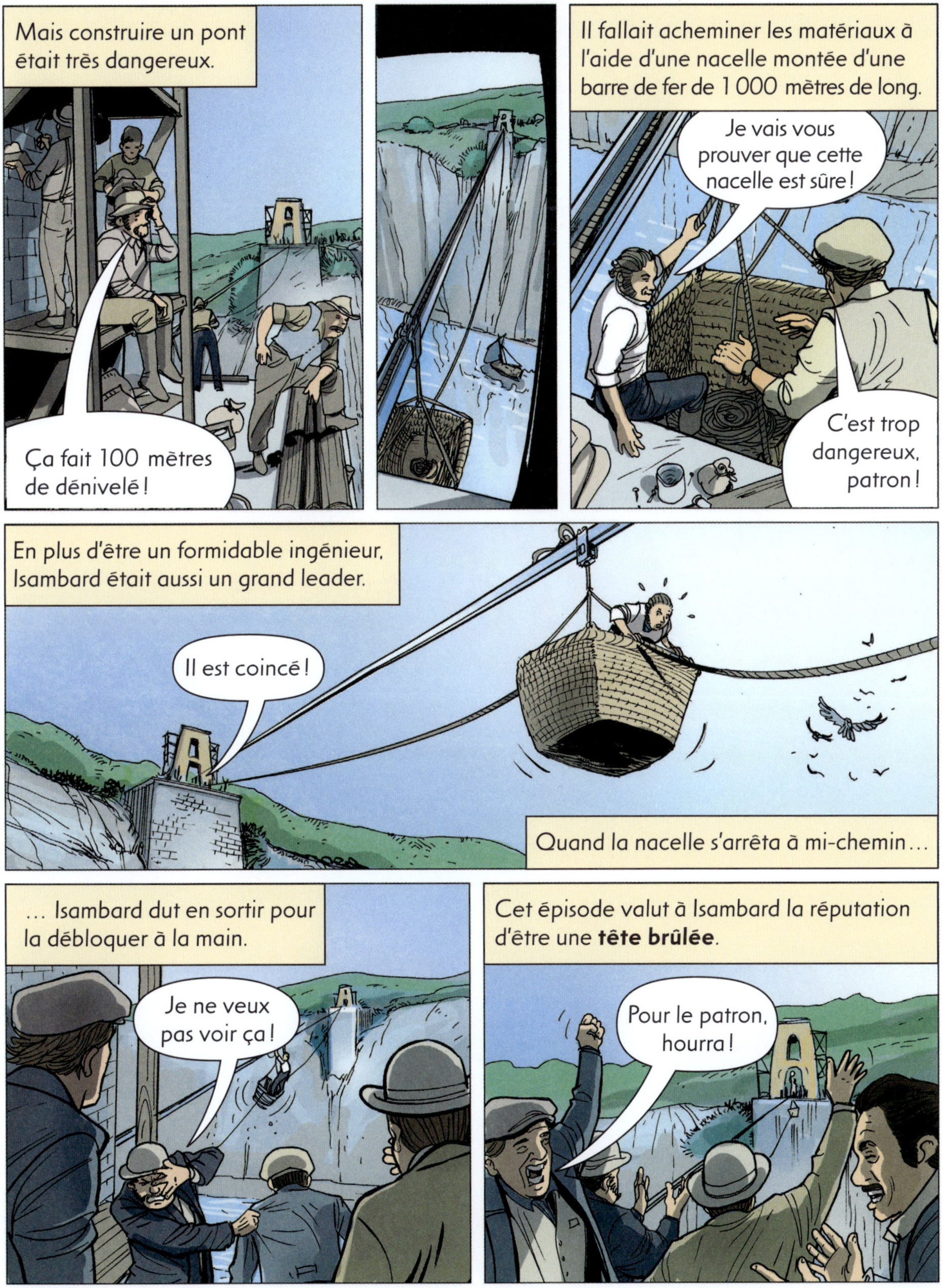
Mais construire un pont était très dangereux.
Ça fait 100 mètres de dénivelé !
Il fallait acheminer les matériaux à l'aide d'une nacelle montée d'une barre de fer de 1 000 mètres de long.
Je vais vous prouver que cette nacelle est sûre !
C'est trop dangereux, patron !
En plus d'être un formidable ingénieur, Isambard était aussi un grand leader.
Il est coincé !
Quand la nacelle s'arrêta à mi-chemin…
… Isambard dut en sortir pour la débloquer à la main.
Je ne veux pas voir ça !
Cet épisode valut à Isambard la réputation d'être une **tête brûlée**.
Pour le patron, hourra !

En 1832, on ne pouvait rejoindre l'ouest de l'Angleterre depuis Londres qu'à cheval.
Pourtant, dans tout le reste du pays, on installait des lignes de chemin de fer.
Isambard, pourriez-vous nous construire un chemin de fer entre Londres et Bristol ?
Isambard, en testant les lignes de chemin de fer, trouva que les rails étaient très cahoteux.
Même mes mains tremblent !
Il faudrait construire un rail aussi plat et lisse qu'une table de **billard**.
Pour garantir que les rails restent bien plats, Isambard construisit d'incroyables ponts et **viaducs**.

L'ingénieur travaillait dur et parfois aidait même ses équipes à creuser.
Construire des lignes de chemin de fer était semé d'embûches…
Comment faire avec ces collines, patron ?
Il va falloir y percer un tunnel.
Impossible ! Il faudrait construire le plus long tunnel du monde pour traverser Box Hill.
Rien n'est impossible !
Personne ne croyait Isambard capable de bâtir le Box Tunnel.
C'est de la roche brute, on ne pourra pas la percer.
Le plafond va s'écrouler !
Non, je suis sûr que non !
Isambard se lança dans la construction du tunnel.
Allez, on peut le faire !

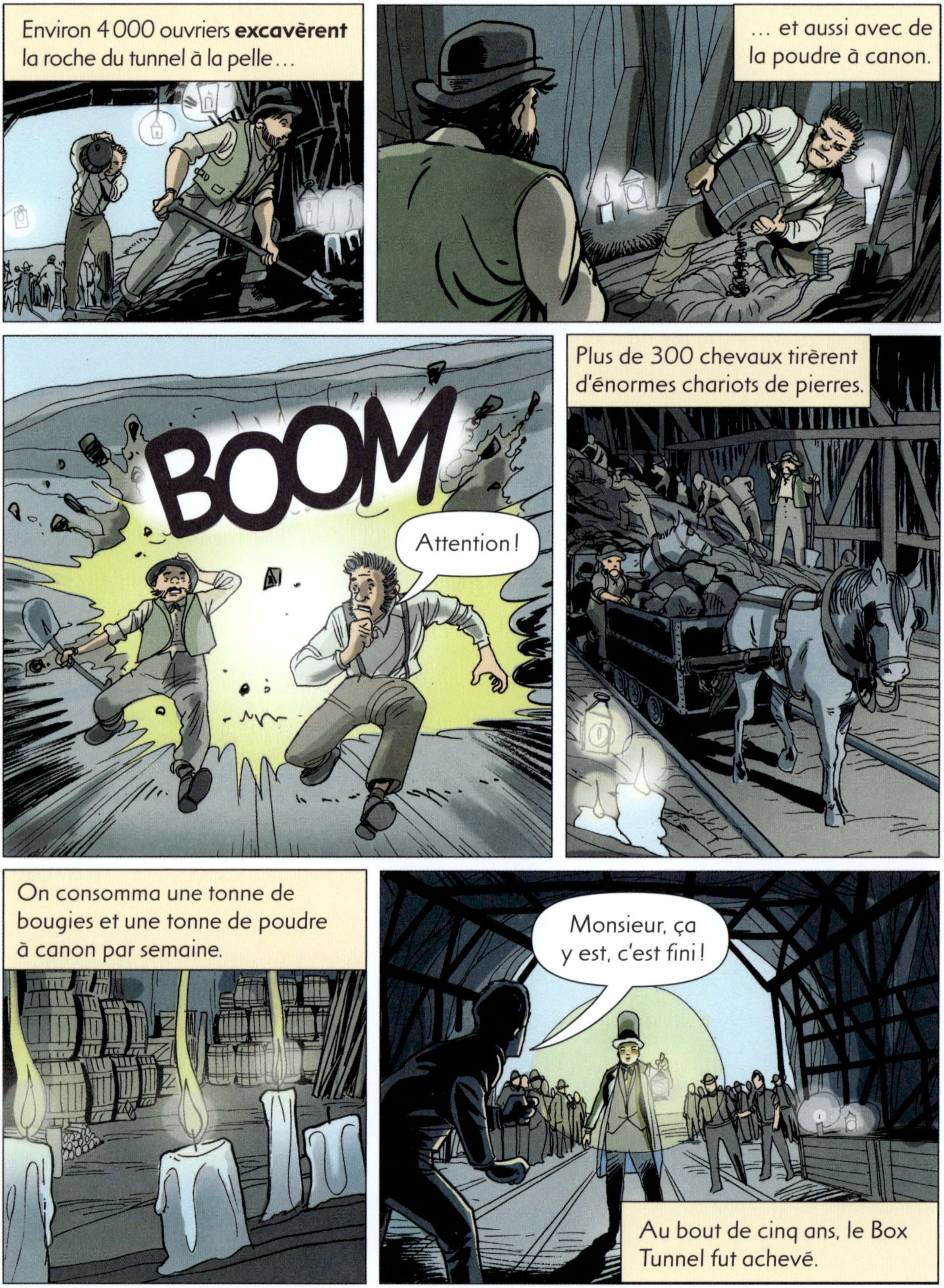
Environ 4 000 ouvriers **excavèrent** la roche du tunnel à la pelle…
… et aussi avec de la poudre à canon.
BOOM
Attention !
Plus de 300 chevaux tirèrent d'énormes chariots de pierres.
On consomma une tonne de bougies et une tonne de poudre à canon par semaine.
Monsieur, ça y est, c'est fini !
Au bout de cinq ans, le Box Tunnel fut achevé.

Isambard acheva avec succès le Great Western Railway.
La reine Victoria en personne l'emprunta.
Le trajet Londres-Bristol se faisait dorénavant en 4 heures, au lieu de 13 heures à cheval.
Bravo, Brunel !
Isambard venait de prouver qu'il avait l'étoffe d'un grand ingénieur !
J'ai besoin d'un nouveau défi.

Il s'intéressa alors aux bateaux à vapeur !
Il fit construire le *Great Western*...
puis le *Great Britain*...
... et enfin le *Great Eastern*.
Le *Great Eastern* sera six fois plus gros que le plus gros bateau du monde !
Il transportera 4 000 passagers, sans compter sa cargaison.
Hélas, Isambard mourut avant de le voir naviguer.
Le *Great Eastern* prit la mer quelques semaines après sa mort. C'était le plus gros navire jamais vu, et il traversa maintes fois l'Atlantique.

À propos d'Isambard Kingdom Brunel

- Isambard est célèbre pour avoir construit le **premier** tunnel sous-marin ainsi que le **premier** cuirassé mû par hélice.
- On lui doit aussi Paddington Station et le Royal Albert Bridge, à Londres.
- Isambard a également conçu certains grands docks britanniques, dont ceux de Bristol et de Cardiff.
- Le tunnel sous la Tamise ouvrit en 1843. Les trains y circulent encore aujourd'hui.
- Isambard mourut le 15 septembre 1859, à 53 ans, à la suite de l'annonce d'une explosion à bord du *Great Eastern* pendant un essai en mer.
- Il ne vit pas l'achèvement de son pont suspendu à Clifton, en 1864.
- On se souvient d'Isambard Kingdom Brunel comme du plus grand ingénieur britannique.
  C'était un travailleur acharné, qui ne baissait jamais les bras. Isambard a prouvé qu'il fallait surmonter tous les obstacles pour réaliser ses rêves.

Isambard Kingdom Brunel
Ingénieur victorien
9 avril 1806 -
15 septembre 1859

Emily Roebling

En janvier 1872, Emily eut une mauvaise nouvelle.
C'est votre mari…
Est-ce qu'il va bien ?
Il vient de s'effondrer !
Il survivra, mais il souffre de la **maladie des caissons**…
… Il ne peut plus sortir de chez lui.
Mais c'est l'ingénieur en chef ! Qui va finir le pont ?
Moi !
Avec tout ce que tu m'as appris, je dois pouvoir y arriver.
Je t'apprendrai le reste !
Allez, finissons ces tours !
Oui, patron.
Emily se mit à étudier la composition et la solidité des matériaux ainsi que les quantités nécessaires.
Washington l'aidait depuis sa chambre de convalescence.
Il est temps d'attacher les câbles.

Nous allons tendre un câble d'acier de 488 mètres entre les deux tours.
Emily s'assura que chacun remplirait sa mission.
Ce câble d'acier ne suffira pas !
Ce fut dangereux et difficile…
… mais Emily releva tous les défis.
Le pont sera bientôt fini.
Qui est-ce ?
C'est l'ingénieur en chef, non ?
Sous la houlette d'Emily, le pont de Brooklyn fut enfin achevé.
Le 24 mai 1883, le président Chester Arthur inaugura le pont.
Emily fut félicitée !
À la santé d'Emily Roebling !
Washington fêta l'événement dans sa chambre.
J'ai failli m'effondrer pour toujours, mais j'ai pu m'appuyer sur la plus solide des tours : mon épouse.

À propos d'Emily Roebling

- La construction du pont de Brooklyn prit vingt ans. Vingt hommes y périrent, dont son concepteur John Roebling.
- Aujourd'hui, on considère ce pont comme l'une des plus grandes prouesses d'ingénierie moderne.
- Un des membres du Congrès, Abram Hewitt, a dit de ce pont qu'il était « un monument éternel, symbole de l'abnégation d'une femme et de son aptitude aux hautes études dont elle avait trop longtemps été exclue ».
- Après l'achèvement du pont de Brooklyn, Emily Roebling fit bâtir un manoir dans le New Jersey, où elle vécut avec Washington.
- Emily ne reçut jamais de diplôme d'ingénieur, mais obtint ensuite un diplôme de droit.
- Washington Roebling parvint à guérir de sa maladie quelques années après l'achèvement du pont.
- Emily et Washington voyagèrent beaucoup et rencontrèrent le tsar Nicolas II de Russie et la reine Victoria.
- Emily mourut en 1903. Washington vécut jusqu'en 1926.

Emily Roebling
Ingénieur en chef du pont de Brooklyn
23 septembre 1843 -
28 février 1903

Carl Benz

Carl Benz est l'un des plus grands ingénieurs mécaniques de tous les temps.
Sa mère était très pauvre.
On n'a pas grand-chose à manger ce soir.
Carl l'aidait en réparant des montres et des horloges.
À 17 ans, Carl étudia l'ingénierie.
La locomotive du train à vapeur est très encombrante…
… Il faudrait en faire une plus petite !
Et si je fabriquais une locomotive plus petite, sans vapeur, et qui servirait à transporter des gens ?
Je l'appellerais « la voiture sans chevaux » !

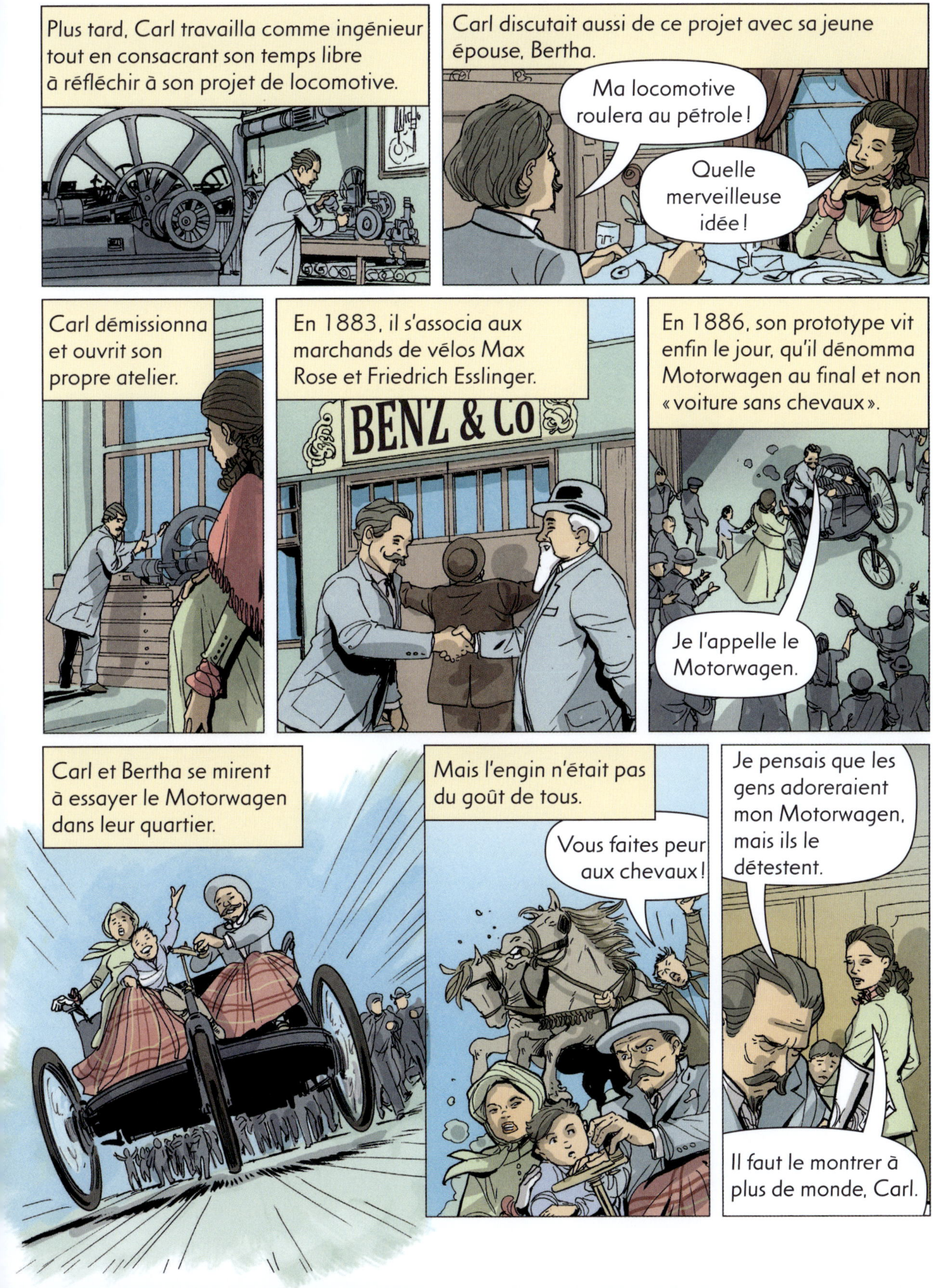

Plus tard, Carl travailla comme ingénieur tout en consacrant son temps libre à réfléchir à son projet de locomotive.
Carl discutait aussi de ce projet avec sa jeune épouse, Bertha.
Ma locomotive roulera au pétrole !
Quelle merveilleuse idée !
Carl démissionna et ouvrit son propre atelier.
En 1883, il s'associa aux marchands de vélos Max Rose et Friedrich Esslinger.
BENZ & Co
En 1886, son prototype vit enfin le jour, qu'il dénomma Motorwagen au final et non « voiture sans chevaux ».
Je l'appelle le Motorwagen.
Carl et Bertha se mirent à essayer le Motorwagen dans leur quartier.
Mais l'engin n'était pas du goût de tous.
Vous faites peur aux chevaux !
Je pensais que les gens adoreraient mon Motorwagen, mais ils le détestent.
Il faut le montrer à plus de monde, Carl.

Un jour, Bertha et ses deux fils empruntèrent le Motorwagen…
Chut, ne réveillez pas votre père.
Ils firent plus de 100 km à son bord.
Comme ça tout le monde va voir le Motorwagen en action !
Bertha dut le réparer en route.
Le circuit de carburant est bouché, maman.
Utilisons cette épingle à chapeau.
Elle en apprit à cette occasion beaucoup sur le Motorwagen.
Il ne monte les pentes raides qu'en marche arrière !
Incroyable !
Suite à ce périple ayant défrayé la chronique, les commandes se multiplièrent.
Bertha ?
J'en veux un, moi aussi !
Où est-ce que ça s'achète ?
BENZ
Nous voici à la tête de la plus grande fabrique de voitures du monde ! Je n'y serais pas arrivé sans toi, Bertha.

À propos de Carl Benz :

Carl Benz
Ingénieur automobile
25 novembre 1844 -
4 avril 1929

- On considère aujourd'hui que Carl Benz a été l'inventeur de la première automobile à essence.
- Son Motorwagen à trois roues fut la toute première voiture proposée à la vente au grand public.
- Au début, le Motorwagen n'avait que deux vitesses : marche avant et marche arrière. Bertha ayant trouvé la marche arrière plus puissante et ayant dû monter les côtes à reculons, elle demanda à Carl de rajouter une troisième vitesse plus puissante.
- Carl Benz fabriqua sa première voiture à quatre roues, la Viktoria, en 1891.
- Plus tard, le modèle Velo fut la première voiture vendue à grande échelle.
- En 1900, Benz & Co était le leader mondial de l'industrie automobile.
- En 1903, Carl Benz prit sa retraite et son entreprise, Benz & Cie, fusionna avec sa concurrente, Daimler. Aujourd'hui, l'entreprise s'appelle Mercedes-Benz et fabrique toujours des voitures.
- Carl Benz mourut en 1929 et Bertha en 1944.

Sergueï Korolev

Enfant, Sergueï avait deux passions : les maths et les avions.
Oui, Sergueï ?
12 × 3/4 =
Adolescent, Sergueï fabriqua un planeur.
Il vole !
Après ses études universitaires, Sergueï se mit à concevoir des avions propulsés par une fusée.
Plus tard, il devint ingénieur en chef du programme spatial de l'Union soviétique.
J'ai conçu une fusée ultra-puissante pour aller dans l'espace.
Nous utiliserons ta fusée R7 pour lancer notre satellite, Spoutnik, dans l'espace.
Ainsi, tout le monde le verra voler autour de la Terre.
WARP WARP
Le lancer de Spoutnik fut un événement.
L'Union soviétique lance un satellite dans l'espace.
Les États-Unis doivent en faire autant !
Une course à l'espace s'engagea entre l'URSS et les États-Unis.

Les Américains vont envoyer un satellite dans l'espace.
Peu importe. Nous, on envoie un chien !
Après avoir envoyé un chien, les Russes voulurent envoyer des humains dans l'espace.
L'un de vous sera choisi pour voyager dans l'espace à bord de Vostok 1.
Être le premier homme dans l'espace. Quel honneur !
Le lancer de Vostok 1 stupéfia le monde entier. La capsule transportant Iouri Gagarine fit le tour du globe…
… et atterrit sur Terre dans un champ.
Iouri Gagarine devint l'homme le plus célèbre du monde.
Mais personne n'entendit parler de Sergueï Korolev…
… l'ingénieur qui avait permis d'envoyer un homme dans l'espace !

À propos de Sergueï Korolev

- En tant qu'ingénieur spatial en chef de l'URSS, l'existence de Sergueï Korolev fut cachée au monde entier. Mais on le considère aujourd'hui comme l'un des plus grands ingénieurs aéronautiques de tous les temps. On n'entendit parler de lui qu'après sa mort, en 1966.
- Sergueï conçut sa fusée R7 en s'inspirant des plans de la fusée V2, fabriquée par les nazis pendant la Seconde Guerre mondiale pour détruire des villes.
- Sergueï avait compris qu'il pouvait utiliser la technologie de la fusée V2 pour concevoir une fusée capable d'aller dans l'espace. À l'époque, personne ne croyait un tel exploit possible.
- Avant sa mort, Sergueï travaillait sur le projet d'envoyer des hommes sur la Lune. Mais ce furent les États-Unis qui y parvinrent en 1969 et remportèrent, par la même occasion, la course à l'espace.
- Cette course à l'espace permit de nombreuses avancées technologiques, dont nous, Terriens, avons hérité, du film alimentaire aux micro-pièces qui servent à créer des prothèses.

Sergueï Korolev
Ingénieur aéronautique
12 janvier 1907 - 14 janvier 1966

D'autres grands ingénieurs

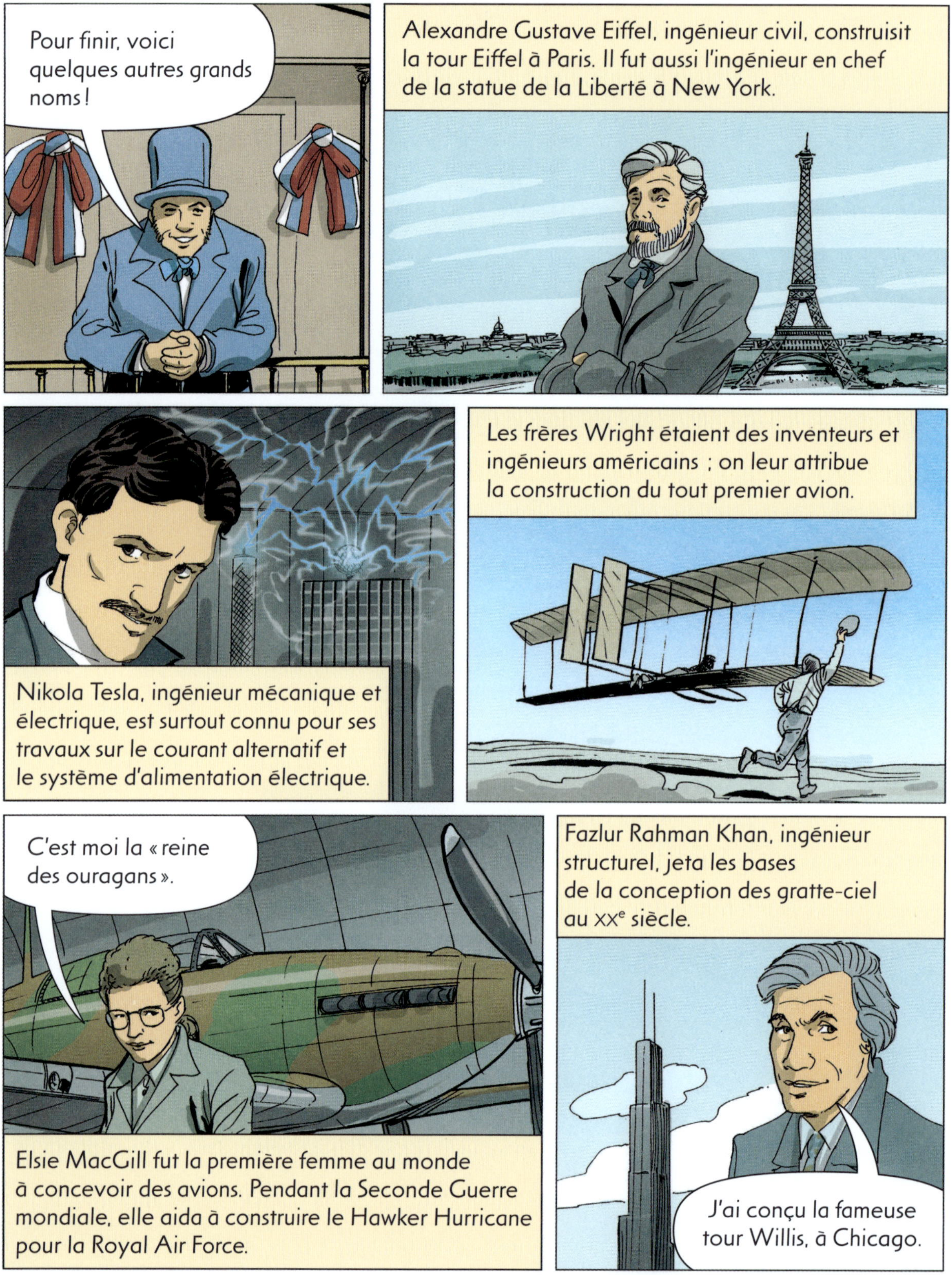

Judith Resnik, ingénieure électrique pour la NASA, fut la deuxième femme astronaute des États-Unis.
NASA
Les téléphones portables, c'est mon idée.
Martin Cooper, ingénieur dans l'industrie des télécommunications aux États-Unis, fabriqua le tout premier téléphone portable en 1973.
James Dyson, inventeur et ingénieur concept britannique, fabriqua des produits écologiques à basse consommation, comme le fameux aspirateur sans sac.
Aprille Ericsson-Jackson, ingénieure mécanique, fut la première femme afro-américaine à décrocher un doctorat en ingénierie au NASA Goddard Space Flight Center.
Maintenant que tu en sais plus sur les grands ingénieurs, aimerais-tu en être un ?

Pourquoi inventer ?

Si nous avions cessé d'inventer à la fin du XIXe siècle,
nous n'aurions pas aujourd'hui…
… l'électricité, les albums de musique, les films, la télévision, les téléphones, les ordinateurs, Internet, les voitures… bref, tu me comprends.
Les inventeurs sont ESSENTIELS !

Archimède

Archimède, savant grec, a vécu il y a plus de 2 000 ans.
C'était un génie des mathématiques.
Donc, la surface du cercle est égale à **pi** multiplié par le **rayon** au carré…
Dommage que seuls les crabes me comprennent !
C'était aussi un grand inventeur. Par exemple, il inventa une vis permettant d'extraire de l'eau de la rivière pour **irriguer** les champs.
C'est de la magie !
Non, c'est de la science.
L'anecdote la plus connue au sujet d'Archimède est celle du roi Hiéror II et de la couronne d'or…
Fabrique-moi une couronne avec cet or, orfèvre !

Quelques semaines plus tard…
Magnifique ! Tu me jures que tu n'as utilisé que l'or que je t'ai donné, rien d'autre ?
Mais bien sûr, Sire.
Plus tard…
Votre Majesté, une rumeur dit que votre couronne ne serait pas en or pur.
Quoi ? Convoque Archimède !
Archimède, je veux que tu vérifies que cette couronne est faite d'or pur. Mais tu ne dois pas l'abîmer.
Il faudrait trouver de l'or ayant le même poids que cette couronne. S'ils ont le même **volume**, c'est qu'elle est bien en or pur.
Mais comment mesurer le volume d'un objet irrégulier tel qu'une couronne ?

Mon corps fait monter le niveau de l'eau… Je peux peut-être mesurer le volume de la couronne de la même manière ?
EURÊKA !
Ce morceau d'or pèse autant que la couronne.
La couronne fait monter le niveau de l'eau, plus que le morceau d'or. Son volume est donc supérieur.
Cette couronne n'est donc pas d'or pur, elle contient forcément un autre matériau, comme de l'argent !
Archimède venait ainsi d'inventer une méthode pour mesurer le volume d'objets de forme irrégulière.
Archimède alla annoncer la nouvelle au roi.
Et tu as trouvé l'idée dans ton bain ?
Oui, Majesté.

Quand, en 214 av. J.-C., les Romains **assiégèrent** la ville de Syracuse où vivait Archimède, il inventa des machines incroyables pour défendre sa cité bien-aimée, notamment la « griffe d'Archimède », ou « main de fer »…
Bravo !

… et le « miroir ardent d'Archimède ».
Ces miroirs vont concentrer les rayons du soleil sur les navires pour qu'ils prennent feu.

- Lorsqu'Archimède réalisa qu'il avait découvert comment mesurer le volume d'objets de forme irrégulière, il cria « Eurêka », qui signifie en grec « J'ai trouvé ». Depuis, on utilise ce terme pour célébrer toute nouvelle découverte ou invention.
- Grâce à son esprit mathématique, Archimède inventa une catapulte de haute précision, très utile contre les assaillants romains. Il découvrit aussi qu'on pouvait soulever des objets lourds grâce à des leviers et poulies.
- Les Romains finirent par envahir la ville de Syracuse. Archimède était en train de travailler sur un problème de mathématiques quand un soldat romain vint l'arrêter. Finalement, le soldat le tua, l'inventeur ayant refusé de le suivre.

Archimède
Savant grec
Vers 287 av. J.-C. - 212 av. J.-C.

Johannes Gutenberg

Johannes œuvra en secret, de peur qu'on ne lui vole son idée.
HUILE D'OLIVE
Que fais-tu toute la journée dans ton atelier, Johannes ?
Oh, je m'occupe…
Tu te sers de la presse pour écraser tes olives ?
Oui, pourquoi ?
Comme ça.
Cette presse à vis va appliquer l'encre sur le papier très régulièrement…

L'ancien ferronnier Johannes eut l'idée d'utiliser du métal.
En bois, mes lettres s'abîmeraient trop.
Il vaudrait mieux un métal bon marché, comme du plomb.
Voici un début d'impression…
Johannes investit tous ses biens dans son invention. Il demanda aussi l'aide d'un ami fortuné, Johann Fust.
Mon invention va changer le monde. J'ai juste besoin d'un peu d'argent.
Pas de problème, Johannes. Je vais t'en prêter.

Deux ans plus tard, Johannes terminait l'impression de la Bible.
J'aurais pu la copier en un an.
Oui, mais moi, j'en ai produit 200 exemplaires !
Magnifique ! Les lettres sont d'une telle clarté.
Tu me dois de l'argent, Johannes.
Laisse-moi une semaine, je t'en prie !
Hélas, Johannes ne parvint pas à rembourser Fust, qui lui fit un procès.
Fust eut gain de cause et s'empara de l'imprimerie de Johannes.
À la fin du XVe siècle, des centaines de villes européennes disposaient d'une imprimerie et les livres étaient enfin accessibles aux gens ordinaires.

Johannes Gutenberg
Ferronnier et imprimeur allemand
Vers 1398 - 1468

- Johannes Gutenberg, né Johannes Gensfleisch (qui signifie « chair de poule » en allemand), changea de nom et choisit celui de Gutenberg, en hommage à sa ville natale.
- La famille de Johannes était une des familles nobles qui dirigeaient la ville de Mayence, en Allemagne, mais elle fut chassée en 1428 par une **révolte** contre les notables.
- On pense que la toute première œuvre imprimée par Johannes était un poème, mais personne ne sait au juste quels livres Johannes a imprimés au cours de sa vie, car il n'a inscrit son nom sur aucun d'eux.
- Il reste moins de 50 exemplaires du premier livre qu'il a imprimé. La valeur de chacun de ces exemplaires est estimée à 18 à 25 millions d'euros.
- Johannes est mort en 1428 dans l'indifférence générale.

Alexander Graham Bell

Quand Alexander eut 12 ans, sa mère commença à devenir sourde. Il inventa alors une langue des signes pour que sa mère puisse suivre toutes les conversations.
Passionnés par la transmission du son, Alexander et son frère fabriquèrent une tête d'**automate** capable de parler.
Maman !
Oh ! Bravo !

En 1871, à 24 ans, Alexander partit pour Boston, aux États-Unis, avec son père.
Je rêve de fabriquer une machine qui pourrait retransmettre des discussions grâce à un câble électrique.
C'est impossible !
Alexander, qui ne s'y connaissait pas assez en électricité, eut besoin d'aide...
Il paraît que vous êtes expert en électricité, monsieur Watson ?
Oui, je suis ingénieur en électricité.
Je vous embauche !
Alexander et Thomas Watson tentèrent de propager le son avec un câble. Le 2 juin 1875, ils réussirent l'impensable...
Bong !
Ça marche, monsieur Watson ! J'ai entendu un son !
Pendant ce temps, un autre inventeur, Elisha Gray, s'intéressait à la même idée.
J'imagine un télégraphe électrique pouvant émettre des sons...

Ils se lancèrent dans une course effrénée au dépôt de brevet et c'est l'avocat d'Alexander qui gagna de justesse !
Poussez-vous !
Le 10 mars 1876, Alexander passa le premier appel téléphonique de l'histoire…
Monsieur Watson ?
Monsieur Watson ?
En 1892, Alexander passa le premier appel téléphonique longue distance.
Allô Chicago ? Ici monsieur Bell, je vous appelle de la ville de New York.

À propos d'Alexander Graham Bell

- Alexander est né à Édimbourg en 1847. Jusqu'à 11 ans, il s'appelait juste Alexander Bell, puis son père lui offrit son second prénom, Graham, en guise de cadeau d'anniversaire.
- Arrivé à Boston, Alexander fonda une école pour les sourds. L'une de ses élèves était Helen Keller, une jeune fille sourde et aveugle qui allait devenir une célèbre auteure.
- Les recherches d'Alexander contribuèrent à l'invention du téléphone, une avancée majeure ; en 1886, plus de 150 000 personnes aux États-Unis en possédaient un. Cependant, depuis 2002, l'invention du téléphone est attribuée à Antonio Meucci.
- Il a inventé le détecteur de métaux, l'**hydroptère** et le photophone (une ébauche de téléphone portable).
- Alexander prédit les appels en vidéo. En 1906, il déclara : « Un jour viendra où l'homme qui téléphonera pourra voir la personne à laquelle il parle à distance. »
- Alexander est mort en 1922 chez lui, au Canada.

Alexander Graham Bell
Scientifique et inventeur américain, d'origine anglaise
3 mars 1847 -
2 août 1922

Thomas Edison

Thomas décrocha ensuite un emploi de nuit dans une **agence de presse**, ce qui lui laissait du temps libre le jour pour ses expériences…
Mais on le renvoya bien vite !
Oups !
Plus tard, Thomas inventa la première machine à enregistrer et rediffuser le son.
Comment ça s'appelle ?
Le phonographe.
Le quoi ?
LE PHONOGRAPHE.

Puis Thomas voulut inventer une nouvelle ampoule d'éclairage. À l'époque, les ampoules tenaient peu de temps, ou coûtaient très cher à fabriquer.
Il me faut un bon matériau pour le **filament** : un qui tiendra longtemps et qui coûtera peu cher…
Thomas finit par le trouver : c'était du fil à coudre !
Il brûle depuis plus de 13 heures.
Magnifique !
Thomas continua à réfléchir pour perfectionner son ampoule.
Eh, ton éventail, il est fait en quoi ?
En bambou.
Ce bambou carbonisé serait le parfait matériau, qui donnerait à ses lampes plus de 1200 heures d'éclairage ! Thomas en fit venir du Japon.
Encore du bambou !

Février 1880…
Notre première commande ! Le bateau à vapeur SS *Columbia* veut acheter notre système d'éclairage.

1882 : Thomas installe le premier système d'alimentation électrique au monde. 400 lampes dans 85 foyers et entreprises de New York s'allument.
Messieurs ! Voici la lumière électrique !

En 1891, Thomas invente le kinétoscope, un appareil permettant de visionner des films courts.
C'est génial !
À mon tour, maintenant.

À propos de Thomas Edison

Thomas Edison
Inventeur et homme d'affaires américain
11 février 1847 - 18 octobre 1931

- Thomas était le benjamin d'une famille de 7 enfants vivant dans l'État de l'Ohio, aux États-Unis.
- Il fit breveter plus de 1 903 inventions de son vivant, ce qui lui valut le surnom de « sorcier de Menlo Park » (du nom de son laboratoire de recherche). Parmi ses autres inventions figuraient une machine à voter, une caméra, un micro pour téléphone, un stylo électrique et une batterie de voiture électrique.
- Ses inventions ne furent pas toutes des réussites. En 1889, il voulut par exemple fabriquer une poupée capable de parler, mais les cylindres phonographiques de cire s'usèrent si vite qu'ils produisirent une voix effrayante…
- Alors qu'Edison possédait la Portland Cement Company, une grande entreprise de ciment, il eut l'idée de bâtir une maison entièrement en ciment, y compris les meubles ! Ce fut un échec retentissant !
- À la mort de Thomas, en 1931, de nombreux Américains éteignirent leurs lumières pendant une minute pour lui rendre hommage.

Garrett Morgan

Garrett tenta de vendre sa capuche de sûreté. Mais, à l'époque, il y avait beaucoup de **préjugés** contre les Afro-Américains.
Ma nouvelle invention permet...
J'suis pas intéressé.
CHIEF
Alors Garrett paya un acteur blanc pour démarcher pour lui.
Bien sûr.
CHIEF
Je peux vous montrer mon invention ?
Le 24 juillet 1916, une explosion de gaz dévasta un tunnel sous le lac Érié, dans le Cleveland. 23 hommes y restèrent coincés.
Il faut les secourir.
Non. C'est trop dangereux.
Je sais qui pourrait nous aider.
À l'aide !

DRINNGG!
Oui ?
Garrett, peux-tu nous aider ? Il y a le feu dans un tunnel. Des hommes sont pris au piège…
Garrett se rendit sur place avec son frère, Frank.
Ça a l'air sérieux.
Attention, l'incendie est incontrôlable !
J'espère qu'ils n'ont rien !
Dix minutes plus tard…
Incroyable !
Ils ont réussi !
Hourra !

- Garrett est né dans l'État du Kentucky, aux États-Unis, en 1877. À la fin de sa scolarité, il se rendit à Cleveland afin de trouver du travail.
- Le courage dont firent preuve Garrett et Frank Morgan durant la nuit de l'incendie du tunnel incita d'autres pompiers à adopter leurs capuches afin de sauver plus de personnes. Garrett lui-même fit quatre incursions dans le tunnel. Hélas, sa capuche ne protégeant pas contre les émanations, sa santé en fut longtemps affectée.
- Au départ, les journaux et les notables de Cleveland ignorèrent le rôle joué par Garrett dans le sauvetage du tunnel. Ils remirent des médailles aux autres pompiers, mais pas à lui. Selon Garrett, c'était dû à sa couleur de peau. En 1917, des citoyens de Cleveland lui offrirent pour s'excuser une médaille d'or sertie de diamants.

Garrett Morgan
Inventeur afro-américain
4 mars 1877 -
27 juillet 1963

- En 1905, alors qu'il expérimentait différents vernis liquides pour aiguille de machine à coudre, Garrett découvrit accidentellement un liquide pouvant raidir les cheveux. Il en fit une crème et lança la G.A. Morgan Hair Refining Company pour commercialiser son produit.
- Pour éviter les accidents de la route, Garrett inventa un feu rouge à manivelle, qui fut utilisé en Amérique du Nord jusque dans les années 1950.
- En plus d'être un inventeur, Garrett milita aussi pour les droits des Afro-Américains.

Quelques inventions du quotidien

Buongiorno ! Je suis Guglielmo Marconi, j'ai inventé le télégraphe sans fil, en 1896.
Je suis Mary Anderson. En 1902, j'ai eu l'idée des essuie-glaces.
On n'est jamais trop jeune pour changer les choses.
À tout juste 12 ans, Rachel Zimmerman inventa l'imprimante Blissymbol, qui permet à des personnes lourdement handicapées de communiquer en désignant des symboles sur un tableau, via une tablette tactile.
Ici John Logie Baird. J'ai conçu le premier système complet de télévision, en 1926.
Timothy Berners-Lee inventa le World Wide Web, en 1989, un réseau de pages Web liées entre elles et permettant les recherches sur Internet.

Changer les choses

Voici ta télécommande...
Quelle belle machine !... Euh, c'est quoi ?
Un range-chambre automatique, papi. Ça va beaucoup améliorer ma vie !

Copernic et Armstrong

J'ai déduit la position des planètes dans notre Système solaire, sans même m'aider d'un télescope !
Impressionnant ! Mais pourquoi n'en as-tu dessiné que six ?
La perfection n'est pas de ce monde ! De toute manière, c'est cette quête inlassable de connaissances qui fait de nous de grands explorateurs, non ?
Mais aussi notre goût de l'aventure. Allez, Copernic. Il est temps que nous partions à la rencontre d'autres grands explorateurs de l'espace, à travers les époques.
J'espère que je ne vais pas avoir le mal de l'espace…

Aujourd'hui, nous en savons beaucoup sur notre Système solaire, mais il a fallu des centaines d'explorateurs et des milliers d'années pour apprendre à le découvrir.

Avant l'invention des horloges et des calendriers, on se basait sur le Soleil et la Lune pour mesurer le temps qui passe.
Par exemple, on comptait environ un mois entre deux pleines lunes.
Mais peu à peu, on s'est mis à observer le ciel nocturne.
En 2000 av. J.-C., les Égyptiens ont utilisé l'apparition annuelle d'une étoile en particulier pour prédire la crue du Nil, qui déversait son eau précieuse sur leurs champs.
L'étoile est là ! Le fleuve va déborder ! Faites passer le mot !
Les astronomes de l'Antiquité ont passé beaucoup de temps à observer le ciel la nuit.
Et c'est grâce à leur observation minutieuse du ciel qu'on a pu déchiffrer les secrets de l'espace.

Shi Shen et Gan De

Shi Shen et Gan De étudièrent aussi les planètes, dont cinq d'entre elles sont visibles dans le ciel nocturne sans l'aide d'un télescope.
On dirait des étoiles, sauf qu'elles ne scintillent pas.
Et elles se déplacent bizarrement. Tenons un registre précis de leurs trajectoires.
Gan De a même repéré l'une des lunes de **Jupiter**.
Si j'utilise un arbre pour masquer la lumière de cette planète, je distingue une autre forme minuscule à côté d'elle.
Gan De ne savait pas à cette époque qu'il s'agissait d'une lune, mais le seul fait de noter cette observation a aidé les scientifiques qui l'ont suivi.
Les observations de Shi Shen et de Gan De ont aidé de nombreux autres astronomes depuis des siècles.
On a même donné le nom de Shi Shen à l'un des cratères lunaires.

Aristarque de Samos

Enfin, presque tout le monde car Aristarque, lui, ne fut pas convaincu par ces théories !
Si les planètes se déplacent en cercles réguliers autour de la Terre, alors pourquoi paraissent-elles plus grosses et plus lumineuses par moments ? Et pourquoi suivent-elles un tracé si irrégulier ?
Ne voyez-vous pas que c'est la Terre qui tourne autour du Soleil ?
Impossible !
Je n'ai pas la sensation que la Terre bouge !
Les étoiles sont en fait de lointains soleils ! L'Univers est bien plus vaste qu'on ne peut le concevoir !
Balivernes ! Menteur !
Il avait raison !
Oui, mais la vérité paraît parfois incroyable.

Hipparque de Nicée

Comme il n'y avait pas de télescope à cette époque, Hipparque, pour observer le ciel nocturne, s'est servi d'un **astrolabe**…
… et d'un **quadrant**.
Hipparque a presque découvert la distance qui sépare la Terre de la Lune.
C'est 63 fois le **rayon** de la Terre !
60, en fait.
Incroyable sans calculatrice, non ? C'est dommage en revanche qu'il ait pensé que la Terre était au centre du Système solaire. Il faudra des siècles pour rectifier cette erreur.
Oui. C'est vrai !

Claude Ptolémée

Bien sûr, au cœur du système se trouve une magnifique sphère immobile : la Terre.
Pendant 1 300 ans, personne n'a osé contester le modèle de Ptolémée !
Il fallait être un sacré personnage pour s'opposer à Ptolémée.
Eh bien, je dois avoir une sacrée personnalité…
C'était toi, n'est-ce pas ?
Peut-être bien…

Nicolas Copernic

Si Ptolémée a vu juste, ce soir, l'étoile d'Aldébaran devrait être masquée par la Lune.
Copernic mit le modèle de Ptolémée à l'épreuve.
Tiens ! Le modèle est donc faux !
Ptolémée aurait donc tort, mais pourquoi ?
En découvrant Aristarque, Copernic comprit que c'était sans doute le Soleil, et non la Terre, qui occupait le centre de l'Univers.
Ah ah !

Copernic fit de nombreux calculs, pour vérifier qu'Aristarque avait vu juste.
C'est forcément vrai. Mais qui va me croire ?
Il acheta une tour d'observation et poursuivit ses recherches afin d'améliorer et de revérifier ses calculs.
Des années durant, il garda le secret, ne faisant part de ses recherches qu'à des amis proches.
Petit à petit, ses amis l'encouragèrent à divulguer ses hypothèses.
Les gens risquent de me rire au nez !
Pas s'ils comprennent que tu as raison !
Copernic finit par se laisser convaincre et se mit à écrire.

Le livre de Copernic, publié en 1543, suscita des débats enflammés et scandalisa le public.
Vous avez lu ça ? La Terre n'est plus au centre de l'Univers !
Copernic est un génie.
Non, il faudrait l'enfermer !
Copernic mourut cette année-là, à 70 ans.
Les gens ont dû être convaincus par ton livre, non ?
Certains, oui, mais beaucoup n'ont pas supporté l'idée que la Terre ne soit pas au centre de l'Univers… En 1616, mon livre a même été interdit !
J'en suis désolé pour toi.
Au moins, j'ai eu la joie de voir un exemplaire de mon livre avant de mourir.
Heureusement, d'autres savants reprirent le flambeau, comme Galilée, et firent à leur tour avancer la découverte de l'Univers.

Galilée

Pise, Italie, 1589. À 26 ans seulement, Galilée dirigeait déjà le département de Mathématiques de l'université de Pise. Il s'intéressait tout particulièrement à la manière dont les objets se déplacent.
Aristote dit que plus un objet est lourd, plus il tombe vite, mais j'ai un doute…
Galilée, tu es prêt ?
On y va !
Incroyable !
Je me demande quelles autres erreurs les penseurs antiques ont bien pu commettre.
Un jour, en 1604, il se produisit dans le ciel un fait extraordinaire.
Une nouvelle étoile vient d'apparaître !
En fait, c'était une **supernova**, mais personne ne pouvait le savoir alors.
Aristote et Ptolémée disaient que les mouvements de l'Univers suivent toujours le même tracé, mais cette nouvelle étoile leur donne tort.

Par chance, Hans Lippershey inventa le télescope en 1608.
Si l'on place deux lentilles l'une contre l'autre, l'objet paraît trois fois plus gros !
Galilée entendit parler de cette invention et entreprit aussitôt de s'en fabriquer un prototype bien plus perfectionné.
Fantastique ! Tout paraît dix fois plus gros !
Pour tester son télescope, Galilée le fit essayer à un commandant de navire, du haut d'une tour à Venise.
Maintenant, regarde avec ça…
Je ne vois rien à l'horizon.
Je vois un navire !
C'est génial ! Galilée, fabrique-moi des télescopes pour la marine, et je te paierai grassement.
À vos ordres, capitaine !
Le télescope de Galilée fut ainsi un grand succès commercial !

Durant de longues semaines, Galilée essaya son télescope la nuit pour observer les étoiles et les planètes.
Il faut le voir pour le croire !
Voici ce qu'il vit…

La Lune : Galilée fut le premier à découvrir que la Lune, loin d'être une sphère lisse, possédait des montagnes et des cratères comme la Terre !

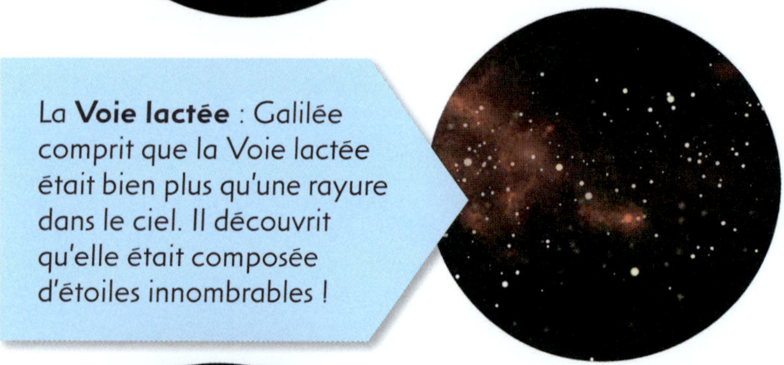
La **Voie lactée** : Galilée comprit que la Voie lactée était bien plus qu'une rayure dans le ciel. Il découvrit qu'elle était composée d'étoiles innombrables !

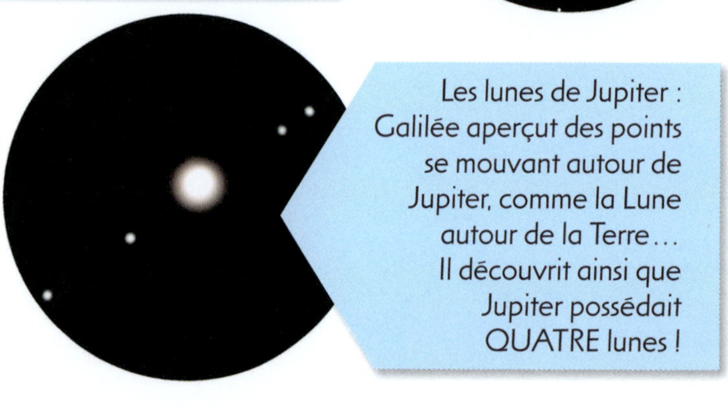
Les lunes de Jupiter : Galilée aperçut des points se mouvant autour de Jupiter, comme la Lune autour de la Terre… Il découvrit ainsi que Jupiter possédait QUATRE lunes !

Grande nouvelle ! Vous saurez enfin tout sur le ciel !
Galilée écrivit un court traité résumant ses découvertes et intitulé *Le Messager des étoiles*. Tout le monde se l'arracha.

Plus Galilée observait le ciel, plus il se rapprochait du modèle copernicien de l'Univers.
La planète Vénus change de forme : elle passe d'un petit disque à un croissant plus gros. C'est donc qu'elle doit bouger autour du Soleil.
Galilée expliqua dans l'un de ses derniers ouvrages pourquoi il plaçait le Soleil au centre de notre Système solaire.
À la publication de ce livre en 1632, Galilée s'attendait à gagner en renommée, au lieu de quoi il fut arrêté…
… et condamné à une assignation à résidence perpétuelle !
De quoi m'accuse-t-on ?
D'avoir affirmé que la Terre tourne autour du Soleil.
Galilée, qui était déjà âgé, vécut ses dernières années emprisonné dans sa maison.
Qu'écris-tu maintenant ?
Une lettre à ma fille.
Ne parle pas du Soleil.
Pauvre Galilée. C'est terrible.

Williamina Stevens Fleming

Williamina eut la chance d'être embauchée comme gouvernante chez un professeur d'astronomie, dénommé Edward Pickering.
Je dirige l'observatoire d'Harvard, je serai donc souvent absent la nuit.
Aucun problème, monsieur.
Edward était ravi de l'efficacité de Williamina.
À l'inverse, à l'observatoire, il était de plus en plus déçu par la médiocrité de ses employés.
Même ma gouvernante pourrait faire mieux que vous !
Mais au fait… cela me donne une idée !
Quand Williamina eut donné naissance à son fils, Edward lui demanda de travailler à plein temps à l'observatoire.
J'ai un projet important sur lequel j'aimerais vous voir travailler.
Avec grand plaisir.

J'aimerais que vous analysiez ces **spectres stellaires**. Nous espérons en apprendre davange sur les étoiles grâce à eux.
Formidable !
Williamina fut l'une des premières femmes à faire de l'étude des étoiles son métier. De nos jours, beaucoup de femmes explorent l'espace mais, à cette époque, on leur en donnait rarement l'occasion.
Neuf ans plus tard…
J'ai dressé le catalogue de plus de 10 000 étoiles…
Mais ce n'est qu'une goutte d'eau dans la mer. Il en existe encore des millions !
Alors, il faudrait sans doute de l'aide !
Williamina embaucha une importante équipe de femmes. Au fil des ans, elles firent des découvertes remarquables et notamment…

10 novae…
Une nova est une étoile dont la lumière augmente soudainement, avant de revenir à son éclat d'origine en quelques mois.
Une nébuleuse est un nuage spatial composé de poussières et de gaz.
Plus de 50 nébuleuses…
Et plus de 200 étoiles variables.
La lumière de ces étoiles varie, souvent selon une courbe régulière.
Williamina fut aussi la première à découvrir les étoiles naines.
Les étoiles naines sont des étoiles brûlantes et très denses, qui arrivent au terme de leur vie.
En 1906, Williamina Fleming fut la première femme à être élue au sein de la Société royale d'astronomie, en Amérique.
Et maintenant, si nous accélérions un peu pour passer aux explorateurs du XXe siècle !
Volontiers ! En route !

Explorateurs de l'espace du XXe siècle

Neil Armstrong fut le premier homme à marcher sur la Lune, le 21 juillet 1969.
C'est bientôt mon tour !
Un petit pas pour l'homme, un grand pas pour l'humanité.
Mae Jemison fut la première femme afro-américaine à explorer l'espace.
Ne vous laissez jamais emprisonner par les limites de l'imagination des autres.
Maggie Aderin-Pocock est l'une des plus célèbres spatiologues et présentatrices télé britanniques.
J'ai conçu des télescopes puissants et des pièces de satellites. J'ai toujours voulu aller sur la Lune, mais mon travail m'a permis de repousser les limites de mes explorations.
Tiens, évoquer Maggie me donne envie d'aller admirer les incroyables astromobiles et sondes spatiales que nous envoyons là où personne n'est jamais allé.
C'est quoi, une sonde spatiale ?

Robots explorateurs de l'espace

Les sondes spatiales, les astromobiles et les atterrisseurs sont des vaisseaux spatiaux **sans équipage**.

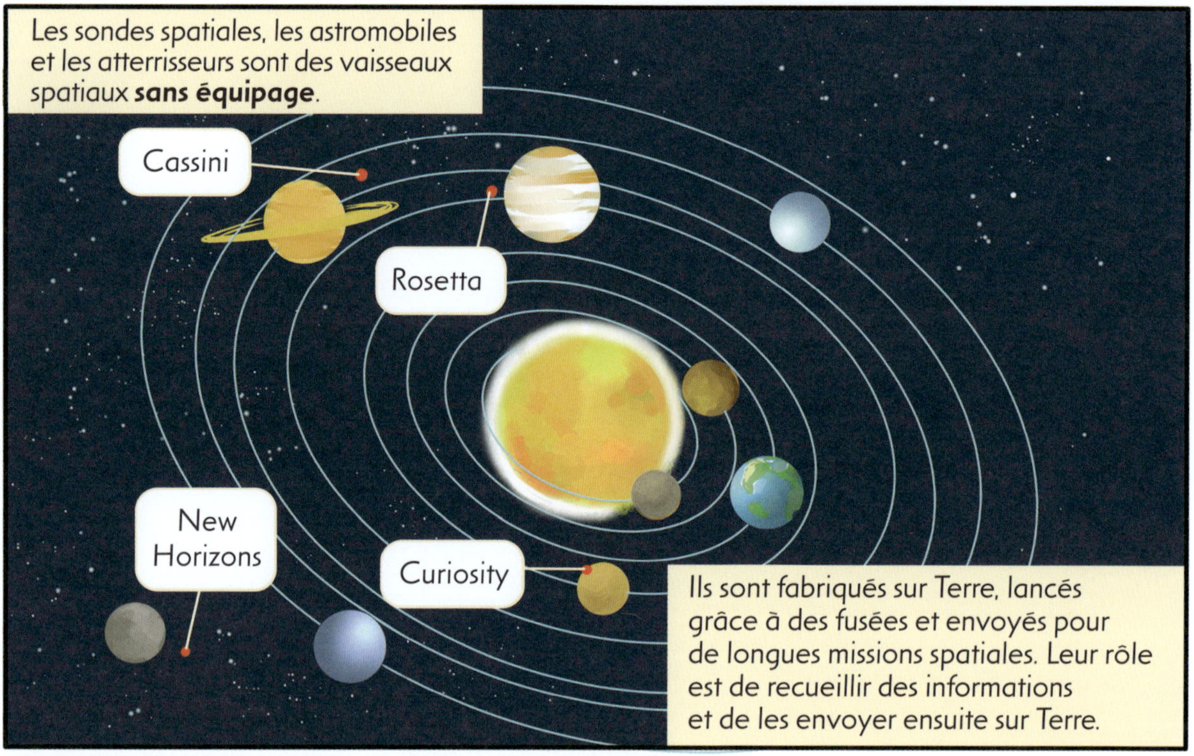

Ils sont fabriqués sur Terre, lancés grâce à des fusées et envoyés pour de longues missions spatiales. Leur rôle est de recueillir des informations et de les envoyer ensuite sur Terre.

VOYAGER 1 a été lancé en 1977 ; c'est le vaisseau spatial le plus éloigné de la Terre à ce jour. Il explore le Système solaire extérieur, à environ 20 milliards de kilomètres de la Terre !

La sonde CASSINI, lancée en 1997, a d'abord effectué des **vols de reconnaissance** autour de Vénus et de Jupiter puis, en 2004, elle est la première sonde spatiale à se placer en orbite autour de Saturne.

Cassini a ensuite relâché son module atterrisseur, HUYGENS, qui s'est posé avec succès sur la plus grosse lune de Saturne, Titan.

La sonde spatiale ROSETTA a été lancée en 2004. En 2014, elle s'est placée en orbite autour d'une **comète**.
Quelques mois plus tard, elle a relâché son module atterrisseur, PHILAE, pour qu'il puisse examiner la comète de plus près.
Le rover CURIOSITY a été lancé en 2011. Il s'agit d'une astromobile robotisée de la taille d'une voiture. Il a atterri sur Mars en 2012, pour en examiner le climat et les sols.
En 2015, NEW HORIZONS est devenue la première sonde spatiale à effectuer un vol de reconnaissance autour de Pluton, lointaine planète naine.

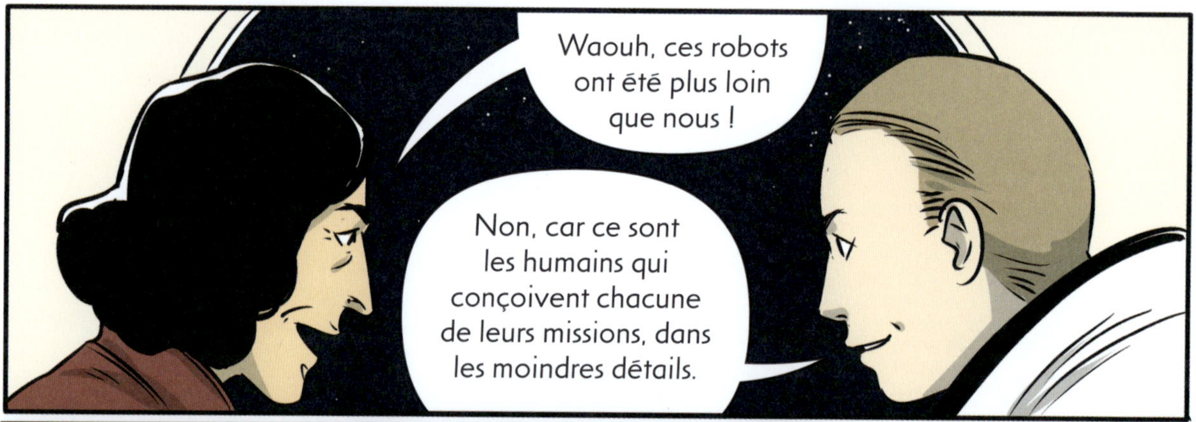
Waouh, ces robots ont été plus loin que nous !
Non, car ce sont les humains qui conçoivent chacune de leurs missions, dans les moindres détails.

Des humains peuvent même vivre dans l'espace, maintenant…
Une Station spatiale internationale a été lancée en 1998. Elle tourne en orbite autour de la Terre à une vitesse de 27 600 km à l'heure, soit 7,66 km à la seconde, et elle met environ 90 minutes à faire le tour de la Terre.

À bord de cette station spatiale, les astronautes et les objets ne pèsent rien, du fait de l'absence de gravité.
Je m'appelle Stephanie Wilson. J'ai effectué trois séjours dans la station spatiale ! Là-haut, j'ai dû apprendre à faire du sport, manger, dormir et me laver… en me passant de la gravité !
Cette station spatiale sert à mener des expériences sur les effets de l'espace sur le corps. Ces recherches alimenteront de futurs projets d'exploration spatiale de longue durée.

Et la suite, Armstrong ?
C'est à la nouvelle génération de nous la conter. Pourra-t-on bâtir des villes sur Mars ? Découvrir des formes de vie sur d'autres planètes ? Qui sait de quels exploits les grands explorateurs spatiaux du futur seront capables ?!

L'origine des espèces

Charles Darwin est l'un des plus grands naturalistes de tous les temps. Son livre *De l'origine des espèces*, qui énonce la théorie de l'évolution des espèces, a révolutionné la science.

Jane Goodall

Plus grande, Jane se mit à rêver d'Afrique.
À l'âge de 23 ans, elle a voyagé au Kenya (en Afrique de l'Est) et, trois ans plus tard, elle s'est installée en Tanzanie.
Gombe, Tanzanie.
Les chimpanzés sont tout près, mais ils s'enfuient quand je m'approche d'eux. Comment gagner leur confiance ?
Petit déjeuner !
J'ai une idée…
Jane mit au point une expérience. Elle attendit et attendit, et un jour…

Enfin ! Je vais l'appeler David Barbe-Grise.
Restons calmes.
Ne pas croiser son regard.
Oui !
La confiance établie, les chimpanzés vinrent chercher des bananes chaque matin, et Jane put les observer.
Elle constata qu'ils pouvaient être doux et tendres…
… mais aussi coléreux et querelleurs.

Un jour, elle observa un comportement dont elle ne pensait pas les singes capables.
C'est David Barbe-Grise !
Que fait-il ?
Pourquoi fait-il ça ?
Crac !
C'est intelligent, il s'est fait un outil…
… pour attraper les termites !

Quelques mois plus tard…
Que sont-ils en train de faire ?
Je comprends : ils coopèrent pour attraper ce singe colobe !
Ils ont appris à chasser en groupe.
Les découvertes de Jane rendirent « ses » chimpanzés célèbres dans le monde entier.
Et Jane put récolter de l'argent pour protéger les chimpanzés et leur environnement.

À propos de Jane Goodall

1934	Jane naît à Londres un 3 avril.
1935	Son père lui offre une peluche de chimpanzé, nommée Jubilee.
1952	N'ayant pas assez d'argent pour aller à l'université, elle travaille comme serveuse et secrétaire.
1960	Jane commence à étudier les chimpanzés en Tanzanie.
1964	Elle épouse le réalisateur Hugo Van Lawick. Ils ont un fils, qui passe une grande partie de son enfance dans la réserve de Gombe.
1977	Elle crée l'Institut Jane Goodall, qui a pour but de protéger les chimpanzés.
1980	Elle reçoit un prix qui récompense ses actions de protection de la nature.
Milieu des années 1980	Jane se met à parcourir le monde pour sensibiliser à la sauvegarde des animaux sauvages et de leur habitat.
1991	Elle crée le programme *Roots and Shoots*, qui encourage les jeunes à agir pour l'environnement.
2004	Le prince Charles la nomme « dame de l'Empire britannique ».

John James Audubon

Audubon passait presque tout son temps à étudier et dessiner les oiseaux.
Hum ?
Une minute, j'arrive !
Il a fait presque 200 esquisses de ces oiseaux.
Mais le malheur frappe.
Lucy, viens vite !
Les rats ont grignoté tous mes dessins !
Je ne peux pas tout refaire !
Bien sûr que tu peux ! Et cette fois, tes dessins seront encore meilleurs !

Sa femme Lucy devint **préceptrice**, pour qu'il puisse partir observer les oiseaux.
Bonne chance !
À dans un mois ou deux !
Mes oiseaux doivent avoir l'air vivants.
Je dessine chaque oiseau à sa taille réelle.
Ton voyage s'est bien passé ?
Je pense qu'on a tous les dessins qu'il nous faut !

Audubon souhaitait publier ses dessins, mais cela n'intéressait personne en Amérique.
Alors il partit.
Croâââ
Que vont-ils penser de mon travail en Grande-Bretagne ?
Institution royale de Liverpool, 1826.
Je n'ai jamais vu de telles représentations d'oiseaux !
Londres, 1827.
Beaucoup de commandes ?
Oui ! Et on dit que le roi George en veut une copie aussi !
L'œuvre d'Audubon fait aujourd'hui partie des livres d'histoire naturelle les plus célèbres.
Les Oiseaux d'Amérique
par John James Audubon

À propos de John James Audubon

1785 Audubon est né à Haïti, dans les Antilles, et a grandi en Bretagne.

1803 À l'âge de 18 ans, il part vivre en Amérique.
Il monte un commerce d'alimentation et de matériel pour les pionniers. Il se met alors à dessiner.

1808 Il épouse Lucy Bakewell.

1812 Audubon découvre que ses meilleurs dessins ont été grignotés par les rats.

1821 Lucy prend un emploi de préceptrice pour que son mari puisse se consacrer à ses expéditions et à l'observation des oiseaux.

1826 À 41 ans, Audubon a réalisé plus de 400 dessins grandeur nature. Comme personne ne veut les publier en Amérique, il se rend en Grande-Bretagne.

1827 Il rencontre le succès en Angleterre. Ses dessins sont imprimés et vendus par lots de 5. Il y a 87 lots en tout. Si une personne achète tous les lots, elle peut les réunir pour en faire d'énormes livres.

1829 - 1839 Audubon participe à des expéditions dans des régions d'Amérique nouvellement explorées, et y étudie les oiseaux.

1842 Il publie une version réduite des *Oiseaux d'Amérique*.

1851 Il meurt à l'âge de 65 ans.

Karl von Frisch

Pendant longtemps, les scientifiques ne parvinrent pas à découvrir comment les abeilles trouvaient du pollen et du nectar.
Je sais comment les abeilles communiquent entre elles ! En dansant !
N'importe quoi !
Karl dut convaincre les experts…
Il fait généralement très noir dans une ruche.
Mais j'en ai fabriqué une avec des parois de verre.

Les abeilles ne voient pas la danse – elles la sentent avec leurs **antennes**.
Des abeilles « scouts » sont missionnées pour trouver les meilleures fleurs.
À 10 mètres de la ruche.
Une fois la fleur trouvée, l'abeille rentre pour effectuer sa danse.

Les autres abeilles sentent le parfum des fleurs sur l'abeille scout.
Danse en rond
La danse en rond indique que les fleurs sont proches.
Les fleurs proches sont faciles à trouver…
Mais que se passe-t-il si les fleurs se trouvent à plusieurs kilomètres ?
L'abeille va alors effectuer une autre danse.
Danse en huit
Plus l'abeille se trémousse longtemps, plus les fleurs repérées se trouvent loin.

1 seconde de trémoussements = « volez sur 1 000 mètres ».
4 secondes de trémoussements = « volez sur 4 000 mètres ».
1 000 m
4 000 m
Danser vers le haut du rayon = « volez en direction du soleil ».
Danser vers le bas = « gardez le soleil dans le dos ».
Danser vers la droite = « volez à droite du soleil ».
Plus la danse de l'abeille scout est énergique, plus il y a de pollen et de nectar au bout du voyage !
Les aux autres scientifiques mirent du temps à admettre que Karl avait raison. Mais, en 1973, il reçut la plus haute distinction : le prix Nobel de **physiologie**.

À propos de Karl von Frisch

1886 Karl naît à Vienne, en Autriche.

Années 1890 Enfant, il collecte toutes sortes d'êtres vivants pour les étudier. Il remarque que les anémones de mer qu'il garde dans son aquarium agitent leurs tentacules quand il éteint la lumière !

1912 Karl devient assistant à l'université de Munich, en Allemagne.

1917 Il épouse Margarete Mohr. Ils auront 4 enfants.

1919 Karl devient professeur de zoologie à l'université de Munich. Il découvre que les abeilles peuvent voir les couleurs et différencier les fleurs par leur parfum.

1925 Il devient directeur de l'Institut de zoologie de l'université de Munich.

1927 Il publie son livre *La Vie des abeilles*, qui explique comment les abeilles communiquent entre elles.

1945 L'Institut de zoologie est détruit pendant la guerre.

1950 L'Institut est reconstruit. Karl retourne y travailler.

1958 Il arrête l'enseignement, mais il poursuit ses recherches.

1973 Karl reçoit le prix Nobel.

1982 Il meurt à l'âge de 95 ans.

Mary Anning

10 décembre 1823, Lyme Regis, Angleterre.
Mary Anning est passionnée par les **fossiles**.
On dirait le début d'un glissement de terrain !
Ouf, j'ai eu chaud… Tiens, tiens...
Qu'est-ce que c'est ?
Mary passe la nuit à dégager sa découverte.
C'est du jamais vu !

Au matin, Mary a mis au jour un squelette entier. C'est la première fois qu'un plésiosaure complet est découvert.
Grâce à cette découverte, les naturalistes vont désormais visualiser à quoi cette créature ressemblait quand elle nageait dans les mers il y a des millions d'années.
Petite fille déjà, Mary ramassait des fossiles.
On continue, Joseph. Plus vite on l'aura dégagé, plus vite on pourra le vendre.
Le père de Mary étant mort quand elle avait 11 ans à peine, elle n'avait pas les moyens d'aller à l'école et devait aider sa famille à survivre.
Merci, madame.

En 1828, Mary fut la première à trouver un fossile de Dimorphodon, un lézard volant, en Grande-Bretagne.
En 1830, elle découvrit une autre sorte de plésiosaure.
Elle a même trouvé une crotte de dinosaure fossilisée !
Lorsque Mary ouvrit un magasin, elle eut des clients célèbres, comme le roi de Saxe.
Bonjour, Votre Majesté.
Aujourd'hui, nous savons que Mary était une grande paléontologue, mais, au XIXe siècle, les choses étaient différentes.

Société géologique
de Londres, 1830.
Les sociétés scientifiques ou les universités n'étaient pas ouvertes aux femmes.
Les hommes qui achetaient les fossiles de Mary la mentionnaient rarement…
Ce nouveau fossile appuie ma théorie.
Société géologique de Londres, aujourd'hui.
Mary Anning était une grande naturaliste…
Les choses ont enfin changé.
Lyme Regis, Angleterre.
On peut toujours trouver des fossiles à l'endroit où Mary collectait les siens. Mais gare aux glissements de terrain !

1799 21 mai : naissance à Lyme Regis, comté du Dorset, Angleterre.

1800 Âgée de 15 mois, elle survit à la foudre qui frappe un arbre sous lequel elle se trouve.

1810 Son père meurt et l'argent vient à manquer.

1811 Mary et son frère Joseph découvrent un fossile d'ichtyosaure. Mary devient chasseuse de fossiles à plein temps.

1823 Elle trouve le premier plésiosaure complet.

1826 Mary ouvre son magasin à Lyme Regis : « Le dépôt de fossiles Anning. »

1828 Elle découvre le premier exemplaire britannique de *Dimorphodon*.

1829 Elle découvre un fossile de poisson, *Squaloraja*.

1830 Elle découvre une nouvelle espèce de plésiosaure.

1833 Mary est pratiquement ensevelie dans un glissement de terrain qui tue son chien.

1838 Le gouverment lui accorde une petite pension.

1844 Le roi de Saxe visite son magasin.

1847 Elle meurt à l'âge de 47 ans.

Kathleen Drew-Baker

Japon, 1949.
Les noris ne poussent plus. Nous n'allons plus rien avoir à manger !
L'algue nori est une importante denrée comestible au Japon.
Ça peut peut-être marcher…
Kathleen ayant observé que certaines algues ont besoin de coquillages vides pour se développer,
la solution était simple : il suffisait d'ajouter des coquillages sur les fonds marins pour obtenir des « bébés algues ».
De la nourriture pour tout le monde !
Les Japonais n'ayant jamais oublié cette aide de Kathleen, ils organisent chaque année un festival en son honneur.
Ils lui ont aussi érigé un **mémorial**…
et la surnomment « la mère de la mer ».

David Douglas

Rivière Fraser, Canada, 13 juin 1833.
Nage jusqu'au bord, Billy !
Collecter des plantes peut s'avérer dangereux…
David a voyagé en Amérique du Nord et à Hawaï, pour récolter toutes sortes de graines.
Il a introduit des centaines de plantes en Grande-Bretagne et est devenu membre des Sociétés géologique et zoologique de Londres.

Les naturalistes aujourd'hui

Il n'y a pas de limite à ce que peut étudier un naturaliste.
Pourquoi ne pas essayer ?
Souviens-toi, le plus important pour un naturaliste, c'est…
… d'observer encore et toujours !

Glossaire

Agence de presse	Organisme qui recueille des informations pour les envoyer aux journaux, aux chaînes de télévision, etc.
Amphithéâtre	Arène publique dans la Rome antique.
Année solaire	L'intervalle entre deux équinoxes de printemps ou deux équinoxes d'automne (jours de l'année où la nuit et le jour sont de durée égale). Nous savons maintenant qu'elle équivaut au temps que met la Terre pour faire le tour du Soleil.
Antenne	Organe sensoriel long et fin sur la tête des insectes.
Antiseptique	Qui élimine les microbes (on dit aussi « désinfectant »).
Aqueduc	Canal pour transporter de l'eau.
Assiéger	Se dit d'une armée qui encercle une ville ou un bâtiment pour l'attaquer, empêchant l'arrivée de provisions.
Astrolabe	Instrument antique servant à mesurer la position du Soleil, de la Lune, des étoiles et des planètes.
Automate	Machine ambulante d'aspect humain.
Autorité	Personne ou organisation qui détient le pouvoir.
Bactéries	Organismes microscopiques, dont certains provoquent des maladies.
Bible	Recueil de textes sacrés pour les chrétiens et les juifs.
Billard	Jeu pour deux personnes où l'on frappe trois boules avec des queues pour les faire rouler dans des trous sur le bord de la table.
Biodiversité	Diversité des plantes et des animaux, dans le monde ou dans un lieu donné.
Bombe atomique	Arme nucléaire qui libère une énorme quantité d'énergie en scindant certains atomes.
Bureau des brevets	Organisme qui délivre à l'inventeur le droit exclusif de fabriquer et vendre son invention.

Caisson	Grand conteneur étanche qui sert à mener des travaux sous l'eau. Il est ouvert au fond, l'eau étant maintenue en dehors par la pression de l'air.
Caisson (maladie du)	Maladie survenant parfois lorsque le corps subit une pression extrême, le plus souvent à de grandes profondeurs sous l'eau.
Catalogue	Liste, inventaire.
Censure	Interdiction par les autorités d'une partie de l'enseignement, des livres, de l'art produits dans un pays.
Chantier naval	Zone composée de quais et d'équipements destinés à l'entretien et à la réparation des bateaux.
Comète	Morceau de glace en orbite autour du Soleil.
Cosmonaute	Explorateur de l'espace russe.
Courant alternatif	Courant électrique dont le sens change fréquemment.
Cryptologue	Scientifique qui étudie les codes.
Décrypter	Déchiffrer un message écrit grâce à un code que l'on ne connaît pas.
Éclipse	Quand la Lune se place entre la Terre et le Soleil.
Élément	Unité de base d'un matériau.
Énergie nucléaire	Énergie créée en scindant certains atomes.
Excaver	Creuser pour dégager un trou ou un canal.
Filament	Fin morceau de tissu qui conduit l'électricité et scintille sous l'effet de la chaleur.
Force	Influence d'un objet sur un autre.
Forum	Place publique ou place de marché servant notamment aux affaires judiciaires dans la Rome antique.
Fossile	Reste ou débris d'animal ou de plante ayant vécu il y a très longtemps, conservé dans les roches.

Frise	Bande décorative peinte ou sculptée.
Génération	Toutes les personnes à peu près du même âge vivant à la même période.
Géologie	Étude de la structure d'une planète.
Hydroptère	Bateau muni d'ailes qui plongent dans l'eau pour le rendre plus stable et plus rapide.
Irriguer	Arroser les cultures pour qu'elles poussent.
Jupiter	La plus grande planète de notre Système solaire, en cinquième position par rapport au Soleil.
Magnitude	Un chiffre qui révèle l'éclat d'une étoile.
Mastaba	Tombeau plat de l'Égypte antique.
Mémorial	Statue ou monument dressés en mémoire d'une personne ou d'un événement.
Mois lunaire	L'intervalle entre deux pleines lunes.
Nectar	Liquide sucré fabriqué par les fleurs.
Nocturne	Actif la nuit.
Paléontologiste	Scientifique qui étudie les fossiles (d'animaux et de plantes).
Physiologie	Science qui étudie les fonctions des différentes parties des êtres vivants.
Pi	Nombre qui lie la circonférence d'un cercle (mesure de son pourtour) à son diamètre (mesure en travers du cercle). Il sert beaucoup en mathématiques.
Pneumonie	Inflammation des poumons due à une infection.
Pollen	Fine poudre produite par les fleurs, qui renferme les cellules reproductrices mâles.
Pollinisation	Transport du pollen sur les fleurs, permettant leur fécondation.
Précepteur, trice	Personne qui s'occupe de l'éducation d'un enfant à son domicile.

Préjugé	Hostilité envers quelqu'un ou quelque chose, souvent à cause d'une opinion ou idée fausse.
Prisme	Solide transparent, à faces souvent triangulaires, qui décompose la lumière.
Quadrant	Instrument servant à mesurer les angles.
Radioactivité	Émission de particules ou de rayonnements par certaines substances.
Rayon	Distance du centre d'un cercle à son bord.
Recherche	Étude et examen de matériaux et de sources en vue d'établir des faits et de parvenir à de nouvelles conclusions.
Révolte	Quand un groupe de personnes s'insurge contre ses dirigeants.
Sans équipage	Sans personne à bord.
Sarcophage	Tombeau ou cercueil de l'Égypte antique.
Spectres stellaires	La lumière des étoiles, isolée pour être étudiée de plus près.
Supernova	Explosion se produisant dans une très vieille étoile.
Tête brûlée	Personne téméraire qui aime accomplir des missions dangereuses.
Théorie	Idée ou ensemble d'idées qui explique un phénomène.
Trou noir	Zone de l'espace où la gravité est si forte que même la lumière y est piégée.
Viaduc	Structure en hauteur consistant en une série d'arches pour porter une route ou des rails.
Voie lactée	L'énorme galaxie qui contient notre Système solaire.
Vol de reconnaissance	Quand un vaisseau spatial s'approche d'un objet intéressant pour mieux l'observer.
Volume	L'espace occupé par un objet.
Voyage inaugural	Le premier voyage d'un bateau.

Index